仪器仪表维修工培训试题集

（技师 高级技师）

● 郭 坤 主编　● 齐金成 副主编　● 徐国传 主审

化学工业出版社

·北京·

内容简介

本书是针对职业院校学生进行职业技能培训，以及从业人员进行职业技能提升的需求，以《化工仪表维修工国家职业标准》为依据编写的。内容包括从业人员需要具备的职业道德及素养相关知识、化工过程及安全管理、电工电子技术基础知识、过程检测仪表、过程控制仪表、过程控制系统、集散控制系统专业知识等方面的内容。题目形式多样，按填空题、单选题、多选题、判断题、简答题、计算题进行编排。

本书可供参加化工仪表维修工职业培训及相关从业人员或进行化工仪表维修工技能竞赛的人员使用。

图书在版编目（CIP）数据

仪器仪表维修工培训试题集：技师、高级技师/郭坤主编．—北京：化学工业出版社，2020.11（2024.1 重印）
ISBN 978-7-122-37873-6

Ⅰ.①仪⋯ Ⅱ.①郭⋯ Ⅲ.①仪器-维修-职业技能-鉴定-习题集②仪表-维修-职业技能-鉴定-习题集 Ⅳ.①TH707-44

中国版本图书馆 CIP 数据核字（2020）第 191830 号

责任编辑：葛瑞祎　刘　哲　　　　　　　　　　装帧设计：韩　飞
责任校对：刘　颖

出版发行：化学工业出版社（北京市东城区青年湖南街 13 号　邮政编码 100011）
印　　装：涿州市般润文化传播有限公司
787mm×1092mm　1/16　印张 11¾　字数 307 千字　2024 年 1 月北京第 1 版第 3 次印刷

购书咨询：010-64518888　　　　　　　　　　售后服务：010-64518899
网　　址：http://www.cip.com.cn
凡购买本书，如有缺损质量问题，本社销售中心负责调换。

定　　价：39.00 元　　　　　　　　　　　　　　　　版权所有　违者必究

前 言

随着我国工业技术的不断提高，生产企业对从业人员的综合素质能力提出了更高的要求。为了更好地满足从业人员对技能提升的要求，更加全面、规范、公平、公正、便捷地满足职业院校对学生职业技能培训的需求，我们编制了《仪器仪表维修工培训试题集》。该试题集以《化工仪表维修工国家职业标准》中化工仪表维修工需要达到的标准为依据，结合实际生产过程中的职业素养、技能需求进行编制，试题集包括技师、高级技师两个级别。

本试题集共分七个模块，其内容涵盖了职业道德及素养、化工过程及安全管理、电工电子技术等基础知识，以及过程检测仪表、过程控制仪表、过程控制系统、集散控制系统等专业知识，体现了"以服务为宗旨、以就业为导向"的思想，贴合实际，突出实践。在内容上分类编排，便于读者进行针对性学习，满足职业技能鉴定和培训的需要。内容丰富，有填空题、选择题、判断题、简答题、计算题等多种题型，形式灵活。

参加本试题集编写的有河南化工技师学院的郭坤、赵莹、王帅、齐金成、刘伟、秦婷婷。本书由徐国传担任主审，郭坤担任主编，齐金成担任副主编。

由于编者水平有限，试题集中难免有疏漏或不足之处，恳请各位读者和同仁提出宝贵意见，以便日后更加完善。

河南化工技师学院
职业技能培训试题库建设项目组
2020 年 9 月

第一模块　职业道德及素养相关知识　/1

第二模块　化工过程及安全管理基础知识　/21

第三模块　电工电子技术基础知识　/34

第四模块　过程检测仪表知识　/56

第五模块　过程控制仪表知识　/75

第六模块　过程控制系统基本原理知识　/93

第七模块　集散控制系统知识　/138

参考文献　/183

第一模块　职业道德及素养相关知识

一、填空题

1. 正确评估培训效果要坚持一个原则，那就是培训效果应在_____中得到验证。
   答案：实际工作
2. 培训技师和高级技师人员的教师应由具有本职业_____职业资格证书和具有高级职称的技术专家担任。
   答案：高级技师
3. 工程设计一般分_____和施工图设计两个阶段。
   答案：初步设计
4. 初步设计要根据_____和有关文件及工艺提出的工艺条件进行设计。
   答案：设计任务书
5. 化工自控设计仪表选型的原则要考虑仪表性能、环境条件、_____、_____。
   答案：流体特性，安装条件
6. 化工仪表自动化工程设计的基本任务是为生产过程和机组设计一套完整的监视、_____系统。
   答案：控制和生产管理
7. 国标 GB 50093—2013 规定，仪表线路与绝热的设备和管道绝热层之间的距离应大于_____。
   答案：200mm
8. 培训技师和高级技师人员的教师应由具有本职业高级技师职业资格证书和具有高级职称的_____担任。
   答案：技术专家

二、单选题

1. 在下列论述中，正确的是_____。
   A. 人生的目的就在于满足人的生存与生理本能的需要
   B. 追求物质、金钱、享受是人的本能要求
   C. 人生在世要对社会和他人承担责任，要有强烈的社会责任感
   D. 人生在世就是要追求个人的幸福快乐
   答案：C
2. 道德的正确解释是_____。
   A. 人的技术水平　　B. 人的工作能力　　C. 人的行为规范　　D. 人的交往能力
   答案：C
3. 邓小平同志提出要努力建设"四有"职工队伍，"四有"是指_____。
   A. 有理想、有道德、有技术、有纪律　　B. 有理想、有道德、有文化、有纪律

C. 有理想、有信念、有文化、有纪律　　　D. 有理想、有道德、有文化、有组织
　　答案：B

4. 以礼待人是中华民族的传统美德，在现实中，正确的选择是_____。
　　A. 人敬我一尺，我敬人一丈　　　　　　B. 害人之心不可有，防人之心不可无
　　C. 君子之交淡如水　　　　　　　　　　D. 对同事要保持友好、和谐、默契的关系
　　答案：D

5. 社会道德依靠维护的手段是_____。
　　A. 法律手段　　　B. 强制手段　　　C. 舆论与教育手段　　　D. 组织手段
　　答案：C

6. 在现实条件下，对"个人修养"正确观点的选择是_____。
　　A. 竞争激烈，弱肉强食，个人修养难以对待
　　B. 贫富悬殊，心理失衡，个人修养难以适应
　　C. 物质诱惑，社会风气，个人修养难以抵御
　　D. 加强修养，提高品德，促进社会风气好转
　　答案：D

7. 社会主义道德建设的基本要求是_____。
　　A. 心灵美、语言美、行为美、环境美
　　B. 爱祖国、爱人民、爱劳动、爱科学、爱社会主义
　　C. 仁、义、礼、智、信
　　D. 树立正确的世界观、人生观、价值观
　　答案：B

8. 依法治国与以德治国的关系是_____。
　　A. 有先有后的关系　　　　　　　　　　B. 有轻有重的关系
　　C. 互相替代的关系　　　　　　　　　　D. 相辅相成、相互促进的关系
　　答案：D

9. 见利思义是古代传统美德，在现实条件下，正确的选择是_____。
　　A. 见利思己　　　　　　　　　　　　　B. 见利不忘义
　　C. 嘴上讲义，行动上讲利　　　　　　　D. 行小义，得大利
　　答案：B

10. 丰富的社会实践是指导人们发展、成才的基础，在社会实践中体验职业道德行为的方法中不包括_____。
　　A. 参加社会实践，培养职业情感　　　　B. 学做结合，知行统一
　　C. 理论联系实际　　　　　　　　　　　D. 言行不一
　　答案：D

11.《公民道德建设实施纲要》提出"在全社会大力倡导_____的基本道德规范"。
　　A. 遵纪守法、诚实守信、团结友善、勤俭自强、敬业奉献
　　B. 爱国守法、诚实守信、团结友善、勤俭自强、敬业奉献
　　C. 遵纪守法、明礼诚信、团结友善、勤俭自强、敬业奉献
　　D. 爱国守法、明礼诚信、团结友善、勤俭自强、敬业奉献
　　答案：D

12. 自我修养是提高职业道德水平必不可少的手段，自我修养不应_____。
　　A. 体验生活，经常进行"内省"　　　　　B. 盲目自高自大

C. 敢于自我批评　　　　　　　　D. 学习榜样，努力做到"慎独"
答案：B

13. 职业道德是指_____。
A. 人们在履行本职工作中所应遵守的行为规范和准则
B. 人们在履行本职工作中所确立的奋斗目标
C. 人们在履行本职工作中所确立的价值观
D. 人们在履行本职工作中所遵守的规章制度
答案：A

14. 职业道德建设与企业发展的关系是_____。
A. 没有关系　　　B. 可有可无　　　C. 至关重要　　　D. 作用不大
答案：C

15. 对于如何树立职业理想，正确的说法是_____。
A. 从事自己喜爱的职业，才能树立职业理想
B. 从事报酬高的职业，才能树立职业理想
C. 从事社会地位高的职业，才能树立职业理想
D. 确立正确的择业观，才能树立职业理想
答案：D

16. 职业道德所具有的特征是_____。
A. 范围上的有限性、内容上的稳定性和连续性、形式上的多样性
B. 范围上的广泛性、内容上的稳定性和连续性、形式上的多样性
C. 范围上的有限性、内容上的不稳定性和连续性、形式上的多样性
D. 范围上的有限性、内容上的稳定性和不连续性、形式上的多样性
答案：A

17. 在职业道德建设中，正确的做法是_____。
A. 风来一阵忙，风过如往常　　　　B. 常抓不懈，持之以恒
C. 讲起来重要，干起来次要　　　　D. 生产好了，职业道德建设自然也好
答案：B

18. 企业加强职业道德建设，关键是_____。
A. 树立企业形象　　B. 领导以身作则　　C. 抓好职工教育　　D. 建全规章制度
答案：B

19. 你认为市场经济对职业道德建设带来的影响是_____。
A. 带来负面影响　　　　　　　　B. 带来正面影响
C. 正、负面影响都有　　　　　　D. 没有带来影响
答案：C

20. 职业道德建设与企业的竞争力的关系是_____。
A. 互不相关　　　　　　　　　　B. 源泉与动力的关系
C. 相辅相成的关系　　　　　　　D. 局部与全局的关系
答案：B

21. 各行各业的职业道德规范_____。
A. 完全相同　　　　　　　　　　B. 基本相同，但有各自的特点
C. 适用于所有的行业　　　　　　D. 适用于服务性行业
答案：B

22. 争做新时期"文明职工",就要自觉做到_____。
　　A. 有理想、有道德、有技能、有纪律　　B. 有理想、有道德、有文化、有纪律
　　C. 有道德、有文化、有技能、有纪律　　D. 有理想、有技能、有文化、有纪律
　　答案：B

23. 职业道德是指从事一定职业的人们,在_____的工作和劳动中以其内心信念和特殊社会手段来维系的,以善恶进行评价的心理意识、行为原则和行为规范的总和。
　　A. 特定行业　　　B. 所有行业　　　C. 服务性行业　　　D. 教育
　　答案：A

24. 在市场经济条件下,协作精神与保护知识产权的关系是_____。
　　A. 两者互相排斥　　　　　　　　B. 两者相辅相成
　　C. 两者互不相干　　　　　　　　D. 两者不能兼顾
　　答案：B

25. 企业要做到文明生产,必须做到_____。
　　A. 开展职工技术教育　　　　　　B. 提高产品质量
　　C. 做好产品售后服务　　　　　　D. 提高职业道德素质
　　答案：D

26. 文明经商,礼貌待客是指对待顾客要_____。
　　A. 不动声色　　　B. 严肃认真　　　C. 主动热情　　　D. 见机行事
　　答案：C

27. 职业用语的基本要求是_____。
　　A. 语言热情、语气亲切、语言简练、语意明确
　　B. 语感热情、语气严肃、语言清楚、语意明确
　　C. 语感自然、语气亲切、语言详尽、语意明确
　　D. 语感自然、语调柔和、语流明快、语气严肃
　　答案：A

28. 技术人员职业道德的特点是_____。
　　A. 质量第一,精益求精　　　　　B. 爱岗敬业
　　C. 奉献社会　　　　　　　　　　D. 诚实守信,办事公道
　　答案：A

29. 下面有关人与职业关系的论述中错误的是_____。
　　A. 职业只是人的谋生手段,并不是人的需求　　B. 职业是人的谋生手段
　　C. 从事一定的职业是人的需求　　　　　　　　D. 职业活动是人的全面发展的重要条件
　　答案：A

30. 下面有关职业道德与事业成功的关系的论述,错误的是_____。
　　A. 没有职业道德的人干不好任何工作
　　B. 职业道德只是从事服务性行业人员事业成功的重要条件
　　C. 职业道德是人事业成功的重要条件
　　D. 每一个成功的人往往都有较高的职业道德
　　答案：B

31. _____是标志着一个从业者的能力因素能否胜任工作的基本条件,也是实现人生价值的基本条件。
　　A. 职业技能　　　B. 职业能力　　　C. 职业情感　　　D. 职业意识

答案：A

32. 对职业道德修养的正确理解是_____。
  A. 个人性格的修养
  B. 个人文化的修养
  C. 思想品德的修养
  D. 专业技能的提高
  答案：C

33. 在现代化生产过程中，工序之间，车间之间的生产关系是_____。
  A. 相互配合的整体
  B. 不同的利益主体
  C. 不同的工作岗位
  D. 相互竞争的对手
  答案：A

34. 下面有关职业道德与人格的关系的论述，错误的是_____。
  A. 人的职业道德品质反映着人的整体道德素质
  B. 人的职业道德的提高有利于人的思想品德素质的全面提高
  C. 职业道德水平的高低只能反映他在所从事职业中能力的大小，与人格无关
  D. 提高职业道德水平是人格升华的重要途径
  答案：C

35. 文明礼貌是从业人员的基本素质，因为它是_____。
  A. 提高员工文化水平的基础
  B. 塑造企业形象的基础
  C. 提高员工技术水平的基础
  D. 提高产品质量的基础
  答案：B

36. 职工个体形象对企业整体形象的影响是_____。
  A. 不影响
  B. 有一定影响
  C. 影响严重
  D. 可有可无
  答案：B

37. 在职业活动中，举止得体的要求是_____。
  A. 态度恭敬、表情从容、行为适度、形象庄重
  B. 态度恭敬、表情从容、行为谨慎、形象庄重
  C. 态度谦逊、表情严肃、行为适度、形象庄重
  D. 态度恭敬、表情严肃、行为敏捷、形象庄重
  答案：A

38. 个人职业理想形成的主要条件是_____。
  A. 人的年龄增长、环境的影响、受教育的程度、个人的爱好
  B. 人的年龄增长、环境的影响、受教育的程度
  C. 社会的需要、环境的影响、受教育的程度、个人具备的条件
  D. 社会的需要、环境的影响、受教育的程度、个人的爱好
  答案：C

39. 职业理想与社会需要的关系是_____。
  A. 社会需要是前提，离开社会需要就成为空想
  B. 有了职业理想，就会有社会需要
  C. 职业理想与社会需要相互联系，相互转化
  D. 职业理想与社会需要互不相关
  答案：A

40. 职业职责是指人们在一定职业活动中所承担的特定职责，职业职责的主要特点是_____。

A. 具有明确的规定性，具有法律及纪律的强制性
B. 与物质利益存在直接关系，具有法律及纪律的强制性
C. 具有明确的规定性，与物质利益有直接关系，具有法律及纪律的强制性
D. 具有法律及纪律的强制性
答案：C

41. 对职业理想的正确理解是_____。
A. 个人对某种职业的向往与追求
B. 企业在市场竞争中的目标与追求
C. 个人对业余爱好的目标与追求
D. 个人对生活水平的目标与追求
答案：A

42. 办事公道的涵义主要指_____。
A. 在当事人中间搞折中，不偏不倚，各打五十大板
B. 坚持原则，按一定的社会标准，实事求是地待人处事
C. 按领导的意图办事
D. 按与个人关系好的意见办事
答案：B

43. 要做到办事公道就应_____。
A. 坚持原则，不徇私情，举贤任能，不避亲疏
B. 奉献社会，襟怀坦荡，待人热情，勤俭持家
C. 坚持真理，公私分明，公平公正，光明磊落
D. 牺牲自我，助人为乐，邻里和睦，正大光明
答案：A

44. 做好本职工作与为人民服务的关系是_____。
A. 本职工作与为人民服务互不相关
B. 人人都是服务的对象，同时人人又都要为他人服务
C. 只有服务行业才是为人民服务
D. 管理岗位只接受他人服务
答案：B

45. 劳动者素质是指_____。
A. 文化程度
B. 技术熟练程度
C. 职业道德素质与专业技能素质
D. 思想觉悟
答案：C

46. 关于职业自由选择的观点，正确的观点是_____。
A. 职业自由选择与"干一行，爱一行，专一行"相矛盾
B. 倡导职业自由选择，容易激化社会矛盾
C. 职业自由选择与现实生活不适应，做不到自由选择
D. 人人有选择职业的自由，但并不能人人都找到自己喜欢的职业
答案：D

47. 在市场经济条件下，职业自由选择的意义是_____。
A. 有利于实现生产资料与劳动力较好的结合；有利于取得较大经济效益；有利于优化社会风气；有利于促进人的全面发展
B. 有利于满足个人的喜好；有利于人才自由流动；有利于优化社会风气；有利于促进人的全面发展

C. 有利于企业引进人才；有利于取得较大经济效益；有利于企业减员增效；不利于职工安心工作
D. 有利于实现生产资料与劳动力较好的结合；有利于取得较大经济效益；不利于社会稳定；有利于促进人的全面发展

答案：A

48. 职业道德行为的最大特点是自觉性和习惯性，而日常生活是培养人的良好习惯的载体，因此以下不正确的做法是_____。
    A. 从小事做起，严格遵守行为规范
    B. 从自我做起，自觉培养良好习惯
    C. 在日常生活中按照一定目的长期地训练良好习惯
    D. 在工作岗位上培养良好习惯，回家后就可以为所欲为

    答案：D

49. 在个人兴趣、爱好与社会需要不一致时，正确的选择是_____。
    A. 只考虑个人的兴趣、爱好
    B. 暂时服从工作需要，有条件时跳槽
    C. 服从党和人民的需要，在工作中培养自己的兴趣、爱好
    D. 只能服从需要，干一天凑合一天

    答案：C

50. 在竞争中，企业能否依靠职工摆脱困境，正确的观点是_____。
    A. 关键在于经营者决策，职工无能为力
    B. 职工树立崇高的职业道德，与企业同舟共济，起死回生
    C. 企业能否走出困境，关键在于市场
    D. 职工不可能牺牲自己利益，与企业同心同德

    答案：B

51. 在市场经济条件下，正确理解爱岗敬业的观点是_____。
    A. 爱岗敬业与人才流动相对立
    B. 爱岗敬业是做好本职工作的前提与基础
    C. 只有找到自己满意的岗位，才能做到爱岗敬业
    D. 给多少钱干多少活儿，当一天和尚撞一天钟

    答案：B

52. 职工的职业技能主要是指_____。
    A. 实际操作能力、与人交往能力、技术技能
    B. 实际操作能力、业务处理能力、技术技能
    C. 排除故障能力、业务处理能力、技术技能、相关的理论知识
    D. 实际操作能力、业务自理能力、相关的理论知识

    答案：B

53. 企业文化的主要功能是_____。
    A. 导向功能、激励功能、培育功能、推进功能
    B. 自律功能、导向功能、整合功能、激励功能
    C. 自律功能、整合功能、激励功能、培育功能
    D. 自律功能、导向功能、整合功能、推进功能

    答案：B

54. 企业文化的核心是_____。
    A. 企业经营策略　　B. 企业形象　　　C. 企业价值观　　　D. 企业目标
    答案：C

55. 从业人员既是安全生产的保护对象，又是实现安全生产的_____。
    A. 关键　　　　　　B. 保证　　　　　C. 基本要素　　　　D. 需要
    答案：A

56. 职工职业技能形成的主要条件是_____。
    A. 先天的生理条件、长期职业实践、一定的职业教育
    B. 师傅的传授技术、一定的职业教育
    C. 先天的生理条件、一定的职业教育
    D. 从事职业实践、一定的职业教育
    答案：A

57. 化工生产人员应坚持做到的"三检"是_____。
    A. 自检、互检、专检　　　　　　　　B. 日检、常规检、质检
    C. 自检、强制检、专检　　　　　　　D. 日检、自检、专检
    答案：A

58. 化工生产中强化职业责任是_____职业道德规范的具体要求。
    A. 团结协作　　　　B. 诚实守信　　　C. 勤劳节俭　　　　D. 爱岗敬业
    答案：D

59. 化工行业从业人员要具备特殊的技能，这是对从业者的_____要求。
    A. 职业素质　　　　B. 职业性格　　　C. 职业兴趣　　　　D. 职业能力
    答案：D

60. 在市场经济条件下，自利追求与诚实守信的关系是_____。
    A. 自利追求与诚实守信相矛盾，无法共存
    B. 诚实守信有损自身利益
    C. 诚实守信是市场经济的基本法则，是实现自利追求的前提和基础
    D. 市场经济只能追求自身最大利益
    答案：C

61. 在条件不具备时，企业及个人对客户的要求_____。
    A. 可以做出承诺，先占有市场，然后想办法完成
    B. 不可以做出承诺，要实事求是，诚实守信
    C. 可以做出承诺，完不成时，再做解释
    D. 可以做出承诺，完不成时，强调客观原因
    答案：B

62. 诚实守信是做人的行为规范，在现实生活中正确的观点是_____。
    A. 诚实守信与市场经济相冲突　　　　B. 诚实守信是市场经济必须遵守的法则
    C. 是否诚实守信要视具体情况而定　　D. 诚实守信是"呆""傻""惑"
    答案：B

63. 企业形象是企业文化的综合表现，其本质是_____。
    A. 企业建筑和员工服饰风格　　　　　B. 员工的文化程度
    C. 企业的信誉　　　　　　　　　　　D. 完善的规章制度
    答案：C

64. 为了取得政绩，企业亏损却上报盈利，对此正确的做法是_____。
   A. 为了显示政绩，取得上级信任与支持，可以理解
   B. 为了本单位的发展和职工的利益，给予支持
   C. 诚实守信，如实上报，想办法扭亏
   D. 老实人吃亏，于企业不利
   答案：C

65. 从业人员要求上班穿西装时，对衬衣和领带的要求是_____。
   A. 衬衣要朴素，不宜太花哨，领带打结整齐   B. 衬衣要新潮，色彩宜艳丽，领带打结整齐
   C. 衬衣要随自己的爱好，不必系领带   D. 衬衣要高级，可以花哨些，领带打结整齐
   答案：A

66. 在下列选项中，对遵纪守法含义的错误解释是_____。
   A. 在社会中人们结成一定的社会关系，社会关系具有一定的组织性和程序性，与此相关的社会规范、行为规范是社会固有的
   B. 离开必要的规则，社会就会陷入混乱状态，不可能正常存在和发展
   C. 规章制度是对人的束缚，使人失去权利和自由
   D. 没有规矩不成方圆
   答案：C

67. 仪表端庄是从业人员的基本要求，对此，正确的观点是_____。
   A. 穿戴随个人的性格爱好，不必过分挑剔   B. 代表企业的形象，应严格要求
   C. 穿戴好与坏由个人经济条件决定   D. 追求时髦是现代青年的特点
   答案：B

68. 着装是仪表美的一种形式，凡统一着装的应当_____。
   A. 做到衣、裤、帽子整齐，佩戴胸章   B. 衣、裤、帽子不必整齐，佩戴胸章
   C. 做到衣、裤、帽子整齐，不必佩戴胸章   D. 大体外观一样，过得去就可以
   答案：A

69. 在工作过程中与人发生争执时，正确处理的方式是_____。
   A. 语言上不要针锋相对，克制自己，不使争执发展下去，要得理让人
   B. 语言上要针锋相对，克制自己，不使争执发展下去，要得理让人
   C. 语言上不要针锋相对，克制自己，不使争执发展下去，要得理不让人
   D. 语言上不要针锋相对，要使争执发展下去，要得理让人
   答案：A

70. 尊师爱徒是传统师徒关系的准则，在现实条件下，正确的选择是_____。
   A. 徒弟尊重师傅，师傅不必尊重徒弟   B. 徒弟尊重师傅，师傅也尊重徒弟
   C. 徒弟不必尊重师傅，师傅也不必尊重徒弟 D. 用"哥们"关系取代师徒关系
   答案：B

71. 在工作中，职工要做到举止得体，正确的理解是_____。
   A. 人的举止由情感支配，要随心所欲
   B. 工作中行为、动作要适当，不要有过分或出格的行为
   C. 人的性格不同，举止也不一样，不必强求
   D. 处处小心谨慎，防止出现差错
   答案：B

72. 待人热情是职业活动的需要，对此正确的做法是_____。

A. 要始终做到待人热情，关系到企业和个人形象
B. 要由个人心情好坏而定，难以做到始终如一
C. 要视对方与自己关系好坏而定
D. 对不同地位、不同身份的人要区别对待
答案：A

73. 在市场经济条件下，对待个人利益与他人利益关系，正确的观点是_____。
A. 首先要维护个人利益，其次考虑他人利益
B. 牺牲个人利益，满足他人利益
C. 个人利益的实现和他人利益的满足互为前提，寻找契合点
D. 损害他人利益，满足自己利益
答案：C

74. 下面有关团结互助促进事业发展的论述，错误的是_____。
A. "同行是冤家" B. 团结互助能营造和谐人际氛围
C. 团结互助能增强企业凝聚力 D. 团结互助能使职工之间的关系和谐
答案：A

75. 团结互助的基本要求中不包括_____。
A. 平等尊重 B. 相互拆台 C. 顾全大局 D. 互相学习
答案：B

76. 对于平等尊重叙述不正确的是_____。
A. 上下级之间平等尊重 B. 同事之间相互尊重
C. 不尊重服务对象 D. 师徒之间相互尊重
答案：C

77. 关于勤劳节俭的倡导，正确的选择是_____。
A. 勤劳节俭阻碍消费，影响市场经济的发展
B. 发展市场经济只需要勤劳，不需要节俭
C. 勤劳节俭有利于节省资源，但与提高生产力无关
D. 勤劳节俭是促进经济和社会发展的动力
答案：D

78. 企业价值观主要是指_____。
A. 员工的共同价值取向、文化素质、技术水平
B. 员工的共同价值取向、心理趋向、文化定势
C. 员工的共同理想追求、奋斗目标、技术水平
D. 员工的共同理想追求、心理趋向、文化水平
答案：B

79. 企业经营之道主要是指_____。
A. 企业经营的指导思想、经营手段、经营途径
B. 企业经营的指导思想、产品设计、销售网络
C. 企业经营的指导思想、经营方针、经营战略
D. 企业经营的经营方针、经营战略、经营客户
答案：C

80. 下面有关勤劳节俭与增产增效之间关系的论述，错误的是_____。
A. 勤劳能促进效率的提高 B. 节俭能降低生产成本，勤劳与增产增效无关

C. 节俭能降低生产成本　　　　　　D. 勤劳节俭有利于增产增效
答案：B

81. 下面有关勤劳节俭的论述，正确的是_____。
    A. 勤劳节俭有利于可持续发展
    B. 勤劳节俭是中华民族的传统美德，与可持续发展无关
    C. 勤劳节俭是持家之道，与可持续发展无关
    D. 勤劳节俭是资源稀少的国家需要考虑的问题，我国地大物博，不用重视这个问题
    答案：A

82. 企业要做到文明生产，企业生产与环境保护的关系是_____。
    A. 对立关系，要生产就难免出现污染
    B. 相互依存关系，环境靠企业建设，环境决定企业生存
    C. 互不相关，环境保护是政府的事
    D. 利益关系，企业为了实现最大效益，难免牺牲环境
    答案：B

83. 职工与环境保护的关系是_____。
    A. 环境保护与职工关系不大
    B. 环境保护是公民的职责与义务
    C. 在企业利益与环境保护发生冲突时，职工应当维护企业的利益
    D. 在企业利益与环境保护发生冲突时，职工无能为力
    答案：B

84. 企业环保装置平时不用，上级检查时才用，这种做法是_____。
    A. 为了企业效益，这样做可以理解　　B. 违背诚实守信，有损于环境
    C. 睁一只眼，闭一只眼，不必事事认真　D. 企业利益关系到职工利益，支持这种做法
    答案：B

85. 企业对员工的职业职责教育的有效途径是_____。
    A. 完善各项规章制度，建立岗位评价监督体系
    B. 依靠领导严格管理，奖优罚劣
    C. 依靠职工的觉悟与良心
    D. 依靠社会舆论监督
    答案：A

86. 目前我国狭义职业教育主要是指_____。
    A. 培训普通职业实用知识　　　　　B. 培训特定职业知识、实用知识、技能技巧
    C. 培训普通职业技能技巧　　　　　D. 培训普通职业基础知识
    答案：B

87. 勇于创新是中华民族的传统美德，关于创新正确的观点是_____。
    A. 创新与继承相对立　　　　　　　B. 在继承与借鉴的基础上创新
    C. 创新不需要引进外国的技术　　　D. 创新就是要独立自主、自力更生
    答案：B

88. 目前我国职业教育有广义和狭义之分，广义教育是指_____。
    A. 按社会需要，开发智力、培养职业兴趣、训练职业能力
    B. 按个人需要，培养职业兴趣、训练个人能力
    C. 按个人需要，开发智力、训练就业能力

D. 按社会需要，开发智力、发展个性、培养就业能力
答案：A

89. 在市场竞争中，关于企业对员工进行职业培训与提高企业效益的关系，正确的观点是_____。
A. 占用人力、物力，得不偿失
B. 远水不解近渴，看不到实际效果
C. 从社会招聘高素质职工，比自己培训省时、省力
D. 坚持培训，提高职工整体素质，有利于提高企业效益
答案：D

90. 专业理论知识与专业技能训练是形成职业信念和职业道德行为的前提和基础，在专业学习中训练职业道德行为的要求不包括_____。
A. 增强职业意识，遵守职业规范
B. 遵守道德规范和操作规程
C. 重视技能训练，提高职业素养
D. 投机取巧的工作态度
答案：D

91. 下面有关开拓创新论述错误的是_____。
A. 开拓创新是科学家的事情，与普通职工无关
B. 开拓创新是每个人不可缺少的素质
C. 开拓创新是时代的需要
D. 开拓创新是企业发展的保证
答案：A

92. 下面有关开拓创新要有创新意识和科学思维的论述，错误的是_____。
A. 要强化创新意识
B. 只能联想思维，不能发散思维
C. 要确立科学思维
D. 要善于大胆设想
答案：B

93. 下面有关人的自信和意志在开拓创新中的作用，论述错误的是_____。
A. 坚定信心，不断进取
B. 坚定意志，不断奋斗
C. 人有多大胆，地有多大产
D. 有志者事竟成
答案：C

94. 在安全操作中，化工企业职业纪律的特点是具有_____。
A. 一定的强制性
B. 一定的弹性
C. 一定的自我约束性
D. 一定的团结协作性
答案：A

95. 在生产岗位上把好_____是化工行业生产人员职业活动的依据和准则。
A. 质量关和安全关　　B. 产品关　　C. 科技创新关　　D. 节支增产关
答案：A

96. HSEQ 中 S 的含义是_____。
A. 健康　　　　B. 安全　　　　C. 环境　　　　D. 质量
答案：B

97. 在实际工作中，文明生产主要是指_____。
A. 遵守职业道德　　B. 提高职业技能　　C. 开展技术革新　　D. 降低产品成本
答案：A

98. 文明生产的内容包括_____。
A. 遵章守纪、优化现场环境、严格工艺纪律、相互配合协调

B. 遵章守纪、相互配合协调、文明操作
   C. 保持现场环境、严格工艺纪律、文明操作、相互配合协调
   D. 遵章守纪、优化现场环境、保证质量、同事间相互协作
   答案：A
99. 职工初次上岗要经过职业培训，培训重点是_____。
   A. 思想政治教育、礼貌待人教育、职业纪律教育、职业道德教育
   B. 思想政治教育、业务技术教育、企业形象教育、职业道德教育
   C. 思想政治教育、业务技术教育、职业纪律教育、职业道德教育
   D. 对外交往教育、业务技术教育、法律法规教育、职业道德教育
   答案：C
100. 培训要根据其培训目标和培训计划，确定培训日期和课时，一般初级不少于_____标准学时，中级不少于_____标准学时，高级不少于 240 标准学时，技师和高级技师不少于 200 标准学时。
   A. 220　　　　B. 360　　　　C. 300　　　　D. 260　　　　E. 400
   答案：B，C
101. 培训要根据其培训目标和培训计划，确定培训日期和课时，一般初级不少于 360 标准学时，中级不少于 300 标准学时，高级不少于_____标准学时，技师和高级技师不少于_____标准学时。
   A. 200　　　　B. 380　　　　C. 350　　　　D. 240　　　　E. 400
   答案：D，A

三、多选题

1. 工程技术总结包括的内容有_____。
   A. 工程概况　　　　B. 工程方案　　　　C. 工程进度
   D. 工程质量与管理　　　　E. 工程验收和评定
   答案：A，B，C，D，E
2. 化工自控设计基本任务是_____。
   A. 根据企业自动化水平确定控制系统类型和仪表类型
   B. 设计控制系统
   C. 设计信号和联锁保护系统
   D. 控制室设计
   E. 初步设计
   答案：A，B，C，D
3. 初步设计内容包括_____。
   A. 确定工艺生产的自动化水平
   B. 对重要的控制系统作出详细说明
   C. 提出自控仪表设备和相关的电气设备及主要安装材料的规格数量
   D. 进行设计概算
   E. 仪表选型
   答案：A，B，C，D
4. 化工自控设计仪表选型的原则要考虑_____。

A. 流体特性 B. 安装条件 C. 仪表性能
D. 环境条件 E. 技术条件
答案：A，B，C，D

5. 化工自控设计 DCS 选型原则是_____。
A. 符合目前本行业的主流机型 B. DCS 功能满足"功能需求"
C. 技术先进，系统应是开放结构 D. 性价比好
E. 符合发展方向
答案：A，B，C，D

6. 下列选项中，属于技术改造的是_____。
A. 原设计的恢复项目 B. 旧设备更新项目
C. 工艺流程变化的项目 D. 能源消耗大的项目
E. 仪表更新项目
答案：C，D

7. 在技术改造过程中_____的项目应该优先申报。
A. 解决重大安全隐患 B. 能源消耗大
C. 效果明显 D. 技术成熟
E. 仪表更新
答案：A，B，C

8. 开展技术培训，必须要有一个好的培训大纲，大纲内容应该包括_____。
A. 培训目的和要求 B. 培训内容和计划 C. 培训课程日程安排
D. 考核方式和标准 E. 培训过程
答案：A，B，C，D

9. 培训方案应该包括_____。
A. 培训目标 B. 培训内容 C. 培训教师
D. 培训方法 E. 培训计划
答案：A，B，C，D

10. 开展培训项目前期应做的工作有_____。
A. 制订培训计划 B. 确定教学方案 C. 通知学员
D. 培训管理和控制 E. 培训效果评估
答案：A，B，C，D

11. 清洁生产审计有一套完整的程序，是企业实行清洁生产的核心，其中包括_____阶段。
A. 确定实施方案 B. 方案产生和筛选
C. 可行性分析 D. 方案实施
答案：B，C，D

12. 在 ISO 9000 标准中，关于第一方审核说法正确的是_____。
A. 第一方审核又称为内部审核
B. 第一方审核为组织提供了一种自我检查、自我完善的机制
C. 第一方审核也要由外部专业机构进行审核
D. 第一方审核的目的是确保质量管理体系得到有效实施
答案：A，B，D

13. 质量统计排列图的作用是_____。
A. 找出关键的少数 B. 识别进行质量改进的机会

C. 判断工序状态　　　　　　　　　　D. 度量过程的稳定性
    答案：A，B
14. 质量统计因果图具有_____特点。
    A. 寻找原因时按照从小到大的顺序　　B. 用于找到关键的少数
    C. 是一种简单易行的科学分析方法　　D. 集思广益，集中群众智慧
    答案：C，D
15. 质量统计控制图包括_____。
    A. 一个坐标系　　　　　　　　　　　B. 两条虚线
    C. 两个坐标系　　　　　　　　　　　D. 一条中心实线
    答案：B，C，D
16. 产品不良项的内容包括_____。
    A. 对产品功能的影响　　　　　　　　B. 对质量合格率的影响
    C. 对外观的影响　　　　　　　　　　D. 对包装质量的影响
    答案：A，C，D
17. 班组的劳动管理包括_____。
    A. 班组的劳动纪律　　　　　　　　　B. 班组的劳动保护管理
    C. 对新工人进行"三级教育"　　　　　D. 班组的考勤、考核管理
    答案：A，B，D
18. 班组生产技术管理的主要内容有_____。
    A. 定时查看各岗位的原始记录，分析判断生产是否处于正常状态
    B. 对计划完成情况进行统计公布，并进行分析讲评
    C. 指挥岗位或系统的开停车
    D. 建立指标管理账
    答案：A，C，D
19. 总结与报告的主要区别是_____不同。
    A. 人称　　　　　B. 文体　　　　　C. 目的　　　　　D. 要求
    答案：A，C，D
20. 报告与请示的区别在于_____不同。
    A. 行文目的　　　B. 行文时限　　　C. 内容　　　　　D. 结构
    答案：A，B，C，D
21. 请示的种类可分为_____的请示。
    A. 请求批准　　　B. 请求指示　　　C. 请求批转　　　D. 请求裁决
    答案：A，B，C，D
22. 现场目视管理的基本要求是_____。
    A. 统一　　　　　B. 简约　　　　　C. 鲜明　　　　　D. 实用
    答案：A，B，C，D
23. 在月度生产总结报告中对工艺指标完成情况的分析应包括_____。
    A. 去年同期工艺指标完成情况　　　　B. 本月工艺指标完成情况
    C. 计划本月工艺指标情况　　　　　　D. 未达到工艺指标要求的原因
    答案：A，B，C，D
24. 技术论文标题拟订的基本要求是_____。
    A. 标新立异　　　B. 简短精练　　　C. 准确得体　　　D. 醒目

答案：B，C，D

25. 技术论文摘要的内容有_____。
　　A. 研究的主要内容　　　　　　B. 研究的目的和自我评价
　　C. 获得的基本结论和研究成果　　D. 结论或结果的意义
　　答案：A，C，D

26. 技术论文的写作要求是_____。
　　A. 选题恰当　　B. 主旨突出　　C. 叙述全面　　D. 语言准确
　　答案：A，B，D

27. 装置标定报告的目的是_____。
　　A. 进行重大工艺改造前为改造设计提供技术依据
　　B. 技术改造后考核改造结果，总结经验
　　C. 定期完成工作
　　D. 了解装置运行状况，获得一手资料，及时发现问题，有针对性地加以解决
　　答案：A，B，D

四、判断题

1. 法制观念的核心在于能用法律来平衡约束自己的行为，在于守法。
　　答案：正确
2. 遵纪守法的具体要求：一是学法、知法、守法、用法；二是遵守企业纪律和规范。
　　答案：正确
3. 职业道德与社会性质无关。
　　答案：错误
4. 社会主义市场经济对职业道德只有正面影响。
　　答案：错误
5. 文明礼貌是社会主义职业道德的一条重要规范。
　　答案：正确
6. 职业道德是个人获得事业成功的重要条件。
　　答案：正确
7. 人的职业道德品质反映着人的整体道德素质。
　　答案：正确
8. 职业道德是企业文化的重要组成部分。
　　答案：正确
9. 职业道德建设与企业发展的关系至关重要。
　　答案：正确
10. 办事公道是正确处理各种关系的准则。
　　答案：正确
11. 企业职工和领导在表面看是一种不平等的关系，因此职工必须无条件地服从领导的指挥。
　　答案：错误
12. 职业道德是人格的一面镜子。
　　答案：正确
13. 自我修养的提高也是职业道德的一个重要养成方法。

答案：正确

14. 各行各业的从业者都有与本行业和岗位的社会地位、功能、权利和义务相一致的道德准则和行为规范，并需要从业者遵守。
    答案：正确

15. 遵纪守法是职业道德的基本要求，是职业活动的基本保证。
    答案：正确

16. 化工生产人员的爱岗敬业体现在忠于职守、遵章守纪、精心操作、按质按量按时完成生产任务。
    答案：正确

17. 爱岗敬业的具体要求是树立职业理想，强化职业责任，提高职业技能。
    答案：正确

18. 化工行业的职业道德规范是安全生产，遵守操作规程，讲究产品质量。
    答案：正确

19. 尽职尽责是体现诚信守则的重要途径。化工生产工作中，一切以数据说话，用事实和数据分析判断工作的规律。
    答案：正确

20. "真诚赢得信誉，信誉带来效益"和"质量赢得市场，质量成就事业"都体现了诚实守信的基本要求。
    答案：正确

21. 遵循团结互助的职业道德规范，必须做到平等待人、尊重同事、顾全大局、互相学习、加强协作。
    答案：正确

22. 市场经济是信用经济。
    答案：正确

23. 通过拉动内需、促进消费来带动生产力的发展可以不必节俭。
    答案：错误

24. 开拓创新是人类进步的源泉。
    答案：正确

25. 文明生产的内容包括遵章守纪、优化现场环境、严格工艺纪律、相互配合协调。
    答案：正确

26. 国标 GB 50093—2013 规定，仪表线路与绝热的设备和管道绝热层之间的距离应大于 200mm。
    答案：正确

27. 企业一级计量装表率应不低于 98%，计量率不低于 95%。对一级能源计量和主要用能源计量要抓好，对其余二、三级能源计量要经常进行监督检查，计量率要达到 95% 以上。
    答案：正确

28. 企业应根据国家有关计量器具与仪表装备检定规程和《化工行业计量管理实施细则》，参照本厂实际情况，制定本单位各种在用计量器具（包括各种流量计、变送器及多种量具等）的检定周期，按周期对各种计量器具进行检定，周期检定率不低于 98%（能源部分应为 100%）。
    答案：正确

29. 企业应组织计量人员的培训与考核，开展技术交流活动，推广新技术应用，不断提高计量装置的技术水平和（管理）水平。

    答案： 正确

30. ISO 9000《质量管理和质量保证》标准规定："质量管理是指全部管理职能的一个方面。"该管理职能负责质量方针的制定与实施。

    答案： 正确

31. ISO 9001 标准是世界上许多经济发达国家质量管理实践经验的科学总结，具有通用性和指导性。

    答案： 正确

32. 实施 ISO 9001 标准，可以促进组织质量管理体系的改进和完善，对促进国际经济贸易活动、消除贸易技术壁垒、提高组织的管理水平，都能起到良好的作用。

    答案： 正确

33. ISO 9001 标准能鼓励企业在制定、实施质量管理体系时采用过程方法，通过识别和管理众多相互关联的活动，以及对这些活动进行系统的管理和连续的监视与控制，为有效提高企业的管理能力提供了有效的方法。

    答案： 正确

34. 只有 ISO 9000 质量保证模式的标准才能作为质量审核的依据。

    答案： 错误

35. 除 ISO 9000 质量标准以外，还有其他一些国际标准可以作为质量审核的依据。

    答案： 正确

36. ISO 9000：2000 版标准减少了过多强制性文件要求，使组织能结合自己的实际，控制体系过程，发挥组织的自我能力。

    答案： 正确

37. 实施 ISO 9001 标准有利于提高产品质量，保护消费者利益，提高产品可信程度。

    答案： 正确

38. 培训方案应该包括培训目标、培训内容、培训教师、培训方法等。

    答案： 正确

39. 正确评估培训效果要坚持一个原则，那就是培训效果应在实际工作中得到验证。

    答案： 正确

40. 培训要根据其培训目标和培训计划，确定培训日期和课时，一般初级不少于 360 标准学时，中级不少于 300 标准学时，高级不少于 240 标准学时，技师和高级技师不少于 200 标准学时。

    答案： 正确

41. 培训初级、中级人员的教师应由具有本职业高级及高级以上职业资格证书和具有中级职称的技术人员担任。

    答案： 错误

42. 培训高级人员的教师应由具有本职业技师及技师以上职业资格证书和具有高级职称的技术人员担任。

    答案： 正确

43. 开展技术培训，必须要有一个好的培训大纲，大纲内容应该包括培训目的和要求，培训内容和计划，培训课程日程安排，考核方式和标准。

    答案： 正确

五、简答题

1. 什么是培训方案？
   答案：培训方案是指培训目标、培训内容、培训教师、受训者、培训日期、培训场所、培训设备和培训方法等方面的有机结合。

2. 开展培训项目前期应做哪些工作？
   答案：开展培训项目前期应做的工作有制订培训计划、确定教学方案的确定、通知学员、培训管理和控制。

3. 如何编写科技论文摘要？
   答案：根据国家标准 GB 6447—1986《文摘编写规则》及科技论文摘要的编写要点：①应按照摘要的 4 个要素（论文的目的、方法、结果、结论）进行编写；②摘要编写应内容充实，中文摘要一般为 150 字～250 字，英文摘要应为 150 个词左右；③摘要应尽可能取消或减少课题研究的背景信息；④出现的数据应是最重要、最关键的数据；⑤缩略语、略称、代号等在首次出现时必须写出中、英文全称，不得简单重复题名中已有的信息；⑥除了实在无法变通以外，一般不列数学公式，不出现插图、表格；⑦不用引文，除非该文献证实或否定了他人已出版的著作；⑧摘要用第三人称编写，建议采用"进行了研究""报告了现状""进行了调查"等叙述方法标明一次文献的性质和文献主题，不必使用"本文""作者"等作为主语。

4. 技术论文摘要有什么要求？
   答案：摘要文字必须十分简练，文字数量一般限制在整篇论文字数的 5% 以内，论文摘要主要说明论文的主要观点，不讲研究过程和具体做法，不用图表和图形，不做任何评价，读者一看就知整篇文章的大概内容。

5. 技术论文应包括哪些内容？
   答案：技术论文应包括论文题目、作者简介、内容摘要、关键词、引言、正文、结论、致谢、参考文献、附录等十个部分。

6. 简述编写技术论文的步骤。
   答案：①选题，要结合自己本身技术特长和工作成果，能反映自己的技术成果、技术水平及技能水平，结合当前技术热点和人们关心的问题；②查阅和搜集资料，要坚持少而精，资料来源可靠、真实，有据可查；③分析研究资料，选择对论文论点、论据有用的材料；④确定提纲，列出详细提纲，提纲要细化、文字化、轮廓化；⑤指出论文侧重点和中心内容，按编写论文的格式和规范动笔拟稿。

7. 管理职能指什么？
   答案：管理采用的措施是计划、组织、控制、激励和领导这五项基本活动。这五项活动又被称为管理的五大基本职能。所谓职能是指人、事物或机构应有的作用、功能。

8. 管理的目的是什么？
   答案：管理的目的是协调人力、物力和财力资源，是为使整个组织活动更加富有成效，这也是管理活动的根本目的。

9. ISO 9000 中的质量体系审核包括哪些内容？
   答案：①相关的质量管理体系（ISO 9001、9002、9003）；②质量手册或质量管理手册或质量保证手册；③程序文件；④质量计划；⑤合同或协议；⑥有关的法律、法规。

10. 初步设计内容包括哪些？
   答案：①确定工艺生产的自动化技术水平；②对重要的控制系统作出详细说明；③提出

自控仪表设备和相关的电气设备及主要安装材料规格数量；④进行设计概算。

11. 化工自控设计仪表选型要考虑哪些？
   答案：①流体特性；②安装条件；③仪表性能；④环境条件。

12. 仪表工程建设交工技术文件应包括哪些？
   答案：①交工技术文件目录；②交工验收证书；③工程中间交接记录；④未完工程项目明细表；⑤隐蔽工程记录；⑥仪表管路试压、脱脂、酸洗记录；⑦节流装置安装检查记录；⑧调校记录；⑨DCS基本功能检测记录；⑩仪表系统调试记录；⑪报警联锁系统试验记录；⑫电缆敷设记录；⑬电缆（线）绝缘电阻测定记录；⑭接电极、接地电阻安装测定记录；⑮设计施工图纸及设备使用说明书，合格证；⑯设计变更书；⑰设备清单。

13. 班组的质量管理工作主要应搞好哪些方面？
   答案：①对全班施工人员经常进行"质量第一"的思想教育；②组织全班学习施工图纸，设备说明，质量标准，工艺规程，质量检评办法等；③组织工人练习基本功；④核对图纸，检查材料和设备的质量情况及合格证；⑤坚持正确的施工程序，保持文明清洁的施工环境；⑥组织自检、互检，发挥班组质量管理员的作用，及时、认真地填写施工及验收记录；⑦针对施工中的薄弱环节，制订质量升级计划，明确提高质量的奋斗目标；⑧建立健全QC小组，实现"全员参加质量管理"。

14. 试述全面质量管理的含义。
   答案：①参加对象：全体职工及有关部门。②运用方法：专业技术、经营管理、数理统计和思想教育。③活动范围：施工准备、施工、投运使用、工程回访服务等活动全过程。④追求目标：用最经济的手段，建设用户满意的工程，其基本核心是强调充分发挥质量职能作用，以提高人的工作质量来保证施工准备质量、施工质量和工程投运后回访服务质量，从而保证工程质量。其基本特点是从过去的检验把关为主转变为预防、改进为主，从管结果变为管因素，运用科学管理的理论、程序和方法，使施工过程处于受控状态。

15. 试述推行全面质量管理的要领。
   答案：①思想：全面质量管理是一种思想，它体现了与现代科学技术和现代施工发展相适应的现代管理思想；②目标：全面质量管理是为一定的质量目标服务的，这个质量目标就是保证和提高工程质量；③体制：全面质量管理要具体化为一种管理体制，一种系统地、有效地提高工程质量的管理组织和管理体制；④技术：全面质量管理还是一整套能够控制质量和提高质量的管理技术。

16. 工作负责人的安全责任是什么？
   答案：①正确安全地组织工作；②结合实际进行安全思想教育；③督促、监护工作人员遵守《电业安全工作规程》；④负责检查工作票所载安全措施是否正确完备和值班员所做的安全措施是否符合现场实际条件；⑤工作前对工作人员交待安全事项；⑥对工作班成员做适当的变动。

17. 工作票签发人必须具备哪些条件？
   答案：①熟悉设备系统及设备性能；②熟悉安全工作规程、检修制度及运行规程的有关部分；③掌握人员安全技术条件；④了解检修工艺。

第二模块　化工过程及安全管理基础知识

一、填空题

1. 根据爆炸性气体混合物出现的频度和持续的时间，爆炸性气体环境划分为0区：_____或长期出现爆炸性气体混合物的环境；1区：在正常运行时可能出现爆炸性气体混合物的环境；2区：在正常运行时不可能出现爆炸性气体混合物的环境。
   答案：连续出现

2. 根据爆炸性气体混合物出现的频度和持续的时间，爆炸性气体环境划分为0区：连续出现或长期出现爆炸性气体混合物的环境；1区：在_____出现爆炸性气体混合物的环境；2区：在正常运行时不可能出现爆炸性气体混合物的环境。
   答案：正常运行时可能

3. 根据爆炸性气体混合物出现的频度和持续的时间，爆炸性气体环境划分为0区：连续出现或长期出现爆炸性气体混合物的环境；1区：在正常运行时可能出现爆炸性气体混合物的环境；2区：在_____出现爆炸性气体混合物的环境。
   答案：正常运行时不可能

4. 生产火灾危险性分_____四类。
   答案：甲、乙、丙、丁

5. 国标 GB 50058—2014 规定，根据爆炸性气体混合物出现的_____和持续时间，将爆炸性气体环境危险区域划分为20区、21区、22区。
   答案：频繁程度

6. 爆炸性物质的分类，爆炸性物质一般分为三类：Ⅰ类是_____，Ⅱ类是爆炸性气体，Ⅲ类是爆炸性粉尘。
   答案：矿井甲烷

7. 爆炸性气体混合物发生爆炸必须具备的两个条件，_____和足够的火花能量。
   答案：一定的浓度

8. 仪表引起爆炸的原因主要是_____。
   答案：火花

9. 爆炸性气体混合物，一般按引燃温度分组，T3 为_____，T5 为 $100 < t \leqslant 135$。
   答案：$200 < t \leqslant 300$

10. 一台仪表的防爆标志为 $E_x d Ⅱ BT4$，其中 d 的含义是_____。
    答案：结构形式和隔爆型

11. 本质安全型仪表的特点是仪表在正常状态下和故障状态下，电路系统_____和运行的温度都不会引起爆炸性混合物发生爆炸。
    答案：产生的火花

12. 带电灭火必须用_____、四氯化碳、干粉灭火剂及1211及其他卤代烷灭火剂，同时要注意跨步电压触电的危险。

答案：二氧化碳
13. 防止发生短路是_____的主要措施，电路中应合理装设断路器、熔断器、热继电器或电流继电器等。

    答案：防止电气火灾
14. 防止发生短路是防止电气火灾的主要措施，电路中应合理装设断路器、_____或电流继电器等。

    答案：熔断器和热继电器
15. 电流对人体的伤害有两种类型，即_____。

    答案：电击和电伤
16. 漏电保护器既可用来保护_____，还可用来对低压系统或设备的对地绝缘状况起到监控作用；漏电保护器安装点以后的线路需对地绝缘的线路保持绝缘良好。

    答案：人身安全
17. 对容易产生静电的场所，要保持地面_____，或者铺设导电性能好的地面；工作人员要穿防静电的衣服和鞋靴，静电及时导入大地，防止静电积聚，产生火花。

    答案：潮湿
18. 对容易产生静电的场所，要保持地面潮湿，或者铺设导电性能好的地面；工作人员要穿_____的衣服和鞋靴，静电及时导入大地，防止静电积聚，产生火花。

    答案：防静电
19. 静电有三大特点：一是电压高；二是_____突出；三是尖端放电现象严重。

    答案：静电感应
20. 用电安全的基本要素是电气绝缘、安全距离、设备及其导体载流量、_____等。只要这些要素都能符合安全规范的要求，正常情况下的用电安全就可以得到保证。

    答案：明显和准确的标志
21. 用电安全的基本要素是电气绝缘、安全距离、_____、明显和准确的标志等。只要这些要素都能符合安全规范的要求，正常情况下的用电安全就可以得到保证。

    答案：设备及其导体载流量
22. 雷击时产生_____和电磁感应，因此防雷接地装置与地下金属管道、电缆等之间，必须保持有一定的距离或将它们进行等电位联结。

    答案：静电感应
23. 氧气压力表校验器常用_____，用水将油分隔开，达到校验氧气表的目的。

    答案：油水隔离装置
24. 校验氧气压力表时发现校验设备或工具有油污时，应用_____清洗干净，待分析合格后再使用。

    答案：四氯化碳

二、单选题

1. 油膜涡动及油膜振荡常称为油膜波动，_____是动压轴承中油膜失稳造成的。

    A. 油膜波动故障　　　　　　　　B. 转子不平衡故障
    C. 喘振故障　　　　　　　　　　D. 不对中故障

    答案：A
2. _____是旋转机械在热转动状态下，由不同缸体间的相对位置变化引起的。

    A. 油膜波动故障　　　　　　　　B. 转子不平衡故障

C. 喘振故障 D. 不对中故障
答案：D

3. _____是由于不平衡质量 m 的存在和所产生的质量偏心 e，引起不平衡量 me，并产生离心力 $F=me\omega^2$、使轴承承受一个不平衡的负载，从而产生除静态位移外的动态位移。
   A. 气体介质涡动故障 B. 转子不平衡故障
   C. 喘振故障 D. 不对中故障
   答案：B

4. 下列转轴组件的典型故障中，其相位与旋转标记不同步的是_____。
   A. 不平衡 B. 不对中 C. 机械松动 D. 自激振动
   答案：D

5. 下列转轴组件的典型故障中，其振幅随转速增减发生跳跃的是_____。
   A. 不平衡 B. 不对中 C. 机械松动 D. 自激振动
   答案：C

6. 活塞式压缩机采用多级压缩，主要是为了_____。
   A. 提高汽缸利用率 B. 提高压力
   C. 平衡作用在活塞上的作用力 D. 提高转动稳定性
   答案：B

7. 离心压缩机机组试车的步骤是_____。①润滑系统的试车；②电动机的试车；③压缩机的负荷试车；④电动机与增速器的联运试车；⑤压缩机的无负荷试车。
   A. ①②③④ B. ①②③④⑤ C. ②①③④⑤ D. ②①⑤④
   答案：A

8. 往复压缩机汽缸润滑不宜采用_____。
   A. 浸油润滑 B. 飞溅润滑 C. 吸油润滑 D. 压力注油润滑
   答案：A

9. 爆炸物品在发生爆炸时的特点有_____。
   A. 反应速度极快，通常在万分之一秒以内即可完成
   B. 释放出大量的热
   C. 产生大量的气体
   D. 以上都是
   答案：D

10. 化工生产中所说的高压指的是压力大于_____MPa。
    A. 5.0 B. 6.0 C. 6.4 D. 10.0
    答案：C

11. 若皮肤沾上化学品，应_____。
    A. 立即用清水缓缓冲洗患处 B. 立即用布抹干
    C. 尽快完成工作后，就医治疗 D. 以上方法都行
    答案：A

12. 催化加氢裂化反应一般是在_____下发生的化学反应。
    A. 常温、常压 B. 高压 C. 高温 D. 高温、高压
    答案：A

13. 换热设备按传热方式可分为_____。
    A. 间壁式和直接混合式两类

B. 直接混合式和蓄热式两类
C. 间壁式、直接混合式、蓄热式三类
D. 管壳式、套管式、空冷器、冷凝器、重沸器五类
答案：C

14. 高介电常数的介质对微波有较好的反射作用，石油、汽油及其他烃类、石化产品的介电常数一般为_____。
A. 1.9～4.0　　　　B. 4.0～1.0　　　　C. 10～20　　　　D. 20 以上
答案：A

15. 在国家相关标准中，对于法兰 100-40，下列解释正确的是_____。
A. 公称直径 DN100mm，公称压力 4.0MPa　　B. 公称直径 DN100mm，公称压力 40MPa
C. 公称直径 DN100cm，公称压力 4.0MPa　　D. 公称直径 DN100mm，公称压力 40kPa
答案：A

16. 无缝钢管比焊缝钢管有更高的强度，一般能承受_____的压力。
A. 3.2～7.0kPa　　B. 0～3.2kPa　　C. 3.2～7.0MPa　　D. 0～3.2MPa
答案：C

17. 电焊条的焊条芯，其主要作用是_____。
A. 填充金属　　　　　　　　　　　　B. 过渡合金
C. 接合金属部件　　　　　　　　　　D. 传导电流、引燃电弧
答案：D

18. 大多数化工过程可以用少数基本定律来描述，下面的_____是错误的。
A. 以质量守恒定律为基础的物料衡算
B. 以能量守恒定律为基础的能量衡算
C. 描述过程平衡关系的定律和描述未处于平衡的过程速率的定律
D. 以动量守恒定律为基础的能耗衡算
答案：D

19. 铅有很好的_____，常用作管道衬里。
A. 耐腐蚀性　　　　B. 耐磨性　　　　C. 毒性　　　　D. 耐热性
答案：A

20. _____可用于潮湿场所，亦可作仪表供气管。
A. 水煤气罐　　　　B. 镀锌管　　　　C. 焊接钢管　　　　D. 铜管
答案：B

21. _____常用于制造仪表阀门及零件。
A. 紫铜　　　　B. 铸铁　　　　C. 纯铜　　　　D. 黄铜
答案：D

22. _____不宜用作防腐材料。
A. 铝　　　　B. 不锈钢　　　　C. 铜　　　　D. 蒙乃尔合金
答案：A

23. 有关离心泵出口流量 Q 与扬程 H 的关系，下列说法正确的是_____。
A. 流量 Q 增大，扬程 H 增大
B. 流量为零，扬程最小
C. 流量为零，扬程为零
D. 流量 Q 增大，扬程 H 变小；流量为零时，扬程最大

答案：D

24. 伴热蒸气压一般不超过_____MPa。
A. 0.5　　　　　B. 1.0　　　　　C. 1.5　　　　　D. 2.0
答案：B

25. 金属材料的强度越高，则其_____。
A. 硬度越高　　B. 越不易断裂　　C. 耐腐蚀性越好　　D. 低温性能越好
答案：C

26. 下列几种管材中，_____一般不宜用作电气线路的保护套管。
A. 镀锌有缝钢管　　B. 镀锌焊接钢管　　C. 硬聚氯乙烯管　　D. 紫铜管
答案：D

27. 化学反应器的进出物料的状况可分成连续式反应器、间隙式反应器、_____。
A. 塔式反应器　　B. 半间隙式反应器　　C. 釜式反应器　　D. 循环型反应器
答案：B

28. 设计反应器控制方案时，首先要满足质量指标、_____和约束条件。
A. 流量　　　　B. 压力　　　　C. 温度　　　　D. 物料、能量平衡
答案：D

29. 当化学反应涉及碱、酸等物质，_____是反应过程中的一个重要参数。
A. 电导　　　　B. pH　　　　C. 温度　　　　D. 浊度
答案：B

30. 绝热式反应器中维持一定反应温度的是_____的温度。
A. 未反应物
C. 外部循环
B. 已反应物
D. 已反应物与未反应物热交换
答案：D

31. 精馏塔控制目标是在保证质量合格的前提下_____和能耗最低。
A. 纯度最高　　B. 回收率最高　　C. 挥发度最低　　D. 沸点最高
答案：B

32. 精馏塔是一个_____过程，它的通道多，动态响应缓慢，变量间又互相关联。
A. 单输入、单输出　　B. 多输入、单输出　　C. 单输入、多输出　　D. 多输入、多输出
答案：D

33. 控制精馏塔内压力恒定可避免蒸汽的积累，使塔的_____保持平衡。
A. 温度　　　　B. 热量　　　　C. 进料流量　　　　D. 塔底液位
答案：B

34. 精馏塔直接质量指标是_____。
A. 中间成分　　B. 轻组分　　C. 产品成分　　D. 重组分
答案：C

35. 在精密精馏时可采用_____控制。
A. 恒温　　　　B. 压差　　　　C. 温差　　　　D. 压力
答案：C

36. 由于各种精馏塔所用压力不同，控制方案也不同，但都基于_____来实现塔压控制。
A. 物料平衡　　B. 能量平衡　　C. 动态平衡　　D. 组分平衡
答案：B

37. 氨合成工序中_____是最关键的工艺参数之一，它控制的好坏与生产安全和全装置的

经济效益直接相关。
　　A. 水碳比　　　　B. 氢氮比　　　　C. 氢气浓度　　　D. 氮气浓度
　　答案：B

38. 裂解炉出口_____的控制十分重要，它不仅影响乙烯收率，而且直接关系到结焦情况。
　　A. 压力　　　　　B. 流量　　　　　C. 温度　　　　　D. 压差
　　答案：B

39. _____的密封面形式适用于剧毒介质的管道连接。
　　A. 平面法兰　　　B. 凹凸面法兰　　C. 榫槽面法兰　　D. 以上都不是
　　答案：C

40. _____是催化裂化装置中最重要的部分。
　　A. 裂解炉　　　　　　　　　　　　B. 反应器/再生器系统
　　C. 汽提塔　　　　　　　　　　　　D. 加热炉
　　答案：B

41. 下列物质的水溶液，其 pH 小于 7 的是_____。
　　A. Na_2CO_3　　B. NH_4NO_3　　C. Na_2SO_4　　D. KNO_3
　　答案：B

42. 用于处理管程不易结垢的高压介质，并且管程与壳程温差大的场合时，需用_____换热器。
　　A. 固定管板式　　B. U 形管式　　　C. 浮头式　　　　D. 套管式
　　答案：B

43. 在工业生产上，通常最适宜的回流比为最小回流比的_____倍。
　　A. 1.1～1.3　　　B. 1.1～1.5　　　C. 1.2～2　　　　D. 1.5～2
　　答案：C

三、多选题

1. 气体爆炸危险场所可分为_____级。
　　A. 0　　　　B. 1　　　　C. 2　　　　D. 3　　　　E. 10
　　答案：A，B，C

2. 旋转机械常见的故障有_____。
　　A. 旋转机械转子不平衡故障　　　　B. 旋转机械转子裂纹故障
　　C. 旋转机械喘振故障　　　　　　　D. 油膜波动故障
　　答案：A，B，C，D

3. 属于班组交接班记录的内容是_____。
　　A. 生产运行　　　B. 设备运行　　　C. 出勤情况　　　D. 安全学习
　　答案：A，B，C

4. 下列叙述中，不属于生产中防尘防毒的管理措施的有_____。
　　A. 采取隔离法操作，实现生产的微机控制　　B. 湿法除尘
　　C. 严格执行安全生产责任制　　　　　　　　D. 严格执行安全技术教育制度
　　答案：A，B

5. 我国在劳动安全卫生管理上实行"_____"的体制。
　　A. 企业负责　　　B. 行业管理　　　C. 国家监察　　　D. 群众监督
　　答案：A，B，C，D

6. 下列叙述中，_____是岗位操作法中必须包含的部分。
   A. 生产原理　　　　B. 事故处理　　　　C. 投、停运方法　　　D. 运行参数
   答案：B，C，D

7. 下列选项中属于标准改造项目的是_____。
   A. 重要的技术改造项目　　　　　　　B. 全面检查、清扫、修理
   C. 消除设备缺陷，更换易损件　　　　D. 进行定期试验和鉴定
   答案：B，C，D

8. 在化工设备图中，可以作为尺寸基准的有_____。
   A. 设备筒体和封头的中心线　　　　　B. 设备筒体和封头的环焊缝
   C. 设备法兰的密封面　　　　　　　　D. 设备支座的底面
   答案：A，B，C，D

9. 对于密闭容器中进行的反应 $2SO_2+O_2 \rightleftharpoons 2SO_3$，如果温度保持不变，下列说法中正确的是_____。
   A. 增加 SO_2 的浓度，正反应速率先增大，后保持不变
   B. 增加 SO_2 的浓度，正反应速率逐渐增大
   C. 增加 SO_2 的浓度，平衡常数增大
   D. 增加 SO_2 的浓度，平衡常数不变
   答案：A，D

10. 证明氨水是弱碱的事实是_____。
    A. 氨水的导电性比氢氧化钠溶液弱得多　　B. 氨水只能跟强酸发生中和反应
    C. NH_4Cl 的水溶液的 pH 值小于 7　　　D. 0.01mol/L 氨水的 pH 值大于 7，小于 12
    答案：C，D

11. 下列气体中，会污染大气但可以用碱溶液吸收的是_____。
    A. CO　　　　　B. Cl_2　　　　　C. SO_2　　　　　D. N_2
    答案：B，C

12. 金属的防护从金属和介质两方面考虑，可采取的方法是_____。
    A. 制成耐腐蚀的合金　　　　B. 隔离法
    C. 化学处理法　　　　　　　D. 电化学处理法
    答案：A，B，C，D

13. 一精馏塔分离苯与甲苯混合物，进料 50t/h，含苯 40%，塔顶馏出物要求苯纯度达 99.5%，则塔顶采出量不可能为_____t/h。
    A. 25　　　　　B. 10　　　　　C. 18　　　　　D. 30
    答案：A，D

14. 某离心泵用来输送密度为 998.2kg/m³ 的液体，测得液体的扬程为 20m，泵的轴功率为 1.5kW，效率为 60%，则该泵的流量约为_____。
    A. 0.0046m³/s　　B. 16.5m³/h　　C. 0.0076m³/s　　D. 27.6m³/h
    答案：A，B

15. 在确定换热介质的流程时，通常走管程的有_____。
    A. 高压气体　　　B. 蒸汽　　　C. 易结垢的流体　　　D. 腐蚀性流体
    答案：A，C，D

16. 化学反应器在反应中需要一定的压力、_____。
    A. 温度　　　　　B. 能量　　　　　C. 催化剂　　　　　D. 蒸汽

答案：A，C

17. 根据反应物料的聚集状态可分为_____反应器两大类。
A. 单程　　　　B. 均相　　　　C. 循环　　　　D. 非均相
答案：B，D

18. 化学反应器最重要的被控变量是反应温度，控制住反应温度也就控制了_____。
A. 物理变化　　B. 反应速度　　C. 化学变化　　D. 反应热平衡
答案：B

19. 雷电的基本特点有_____。
A. 雷电电压可高达数百万伏至数千万伏　　B. 雷电流很大
C. 高频　　　　　　　　　　　　　　　　D. 危害大
答案：A，B，C

20. 雷电危害严重，其危害方式有_____。
A. 直接雷击危害　　B. 雷电流静电感应　　C. 感应雷击危害　　D. 雷电波侵入危害
答案：A，C，D

21. 在雷电多发区自动控制系统防雷应从_____方面考虑。
A. 电源系统　　B. 现场仪表　　C. 控制系统卡件　　D. 电缆
答案：A，B，C，D

22. 下列属于班组安全活动的内容是_____。
A. 对外来施工人员进行安全教育
B. 学习安全文件、安全通报
C. 开展安全讲座，分析典型事故，吸取事故教训
D. 开展安全技术座谈，消防、气防实地救护训练
答案：B，C，D

23. 下列叙述中，属于生产中防尘防毒技术措施的是_____。
A. 改革生产工艺　　　　　　B. 采用新材料新设备
C. 车间内通风净化　　　　　D. 湿法除尘
答案：A，B，C，D

四、判断题

1. 隔爆型仪表可以用于爆炸性气体环境危险区域 0 区内。
   答案：错误

2. 氨合成工序中水碳比是最关键的工艺参数之一，它控制的好坏与生产安全和全装置的经济效益直接相关。
   答案：错误

3. 所谓"安全火花"是指其能量能够对其周围可燃物质构成点火源。
   答案：错误

4. 本质安全防爆仪表组成的测量系统一定是安全火花型防爆系统。
   答案：错误

5. 防护等级 IP20 比 IP54 高。
   答案：错误

6. 过滤式防毒面具的适用环境为氧气体积分数≥18%、有毒气体体积分数≤1%。
   答案：正确

7. 爆炸是物质由一种状态迅速转变成为另一种状态,并瞬间放出大量能量、产生巨大响声的现象。
   答案:正确
8. 安全隐患整改的"四不推"是指:厂部能整改的不推给车间,车间能整改的不推给工段,工段能整改的不推给班组,班组不推给个人。
   答案:错误
9. 化工安全生产的"四消灭"是指:消灭重大电气事故,消灭重大火灾事故,消灭重大伤亡事故,消灭多人中毒事故。
   答案:错误
10. "三不动火"原则是指:没有有效的动火工作票不动火,没有动火监护人不动火,动火安全措施不到位不动火。
    答案:正确
11. 有害物质的发生源,应布置在工作地点机械通风或自然通风的上通风口。
    答案:错误
12. 安全火花型防爆仪表是指在正常状态和事故状态下产生的火花,均为安全火花的仪表。
    答案:正确
13. "三个对待"是指:大事故当小事故对待,已遂事故当未遂事故对待,外单位事故当本单位事故对待。
    答案:错误
14. "四不放过"原则是指:发生事故后,做到事故原因分析不清不放过,当事人及群众没有受到教育不放过,整改措施没有落实不放过,事故责任人未得到处理不放过。
    答案:正确
15. 精馏塔的正常安全操作必须使某些操作参数限制在约束条件之内。
    答案:正确
16. 精馏塔中主要产品在顶部馏出时,要以塔底温度作为控制指标。
    答案:错误
17. 工业上分离未反应的氨和二氧化碳常采用的分离方法是减压、升温、汽提。
    答案:正确
18. 氨合成过程中氢氮比是最关键的工艺参数之一,也是确保生产安全和提高企业经济效益的重要参数之一。
    答案:正确
19. 常用的仪表防腐材料有氟塑料、钛、钼二钛、锆材等。
    答案:正确
20. 化工设备常用材料的性能可分为工艺性能和使用性能。
    答案:正确
21. 不平衡故障是旋转机械在热动转状态下,由于不同缸体间的相对位置变化引起的。
    答案:错误
22. 不对中故障是旋转机械在热动转状态下,由于不同缸体间的相对位置变化引起的。
    答案:正确
23. 油膜涡动及油膜振荡常称为油膜波动,油膜波动故障是动压轴承中油膜失稳造成的。
    答案:正确
24. 为了保证人们触及漏电设备的金属外壳时不会触电,加强安全用电措施,在同一供电线路中，一部分电气设备采用不接地，另一部分电气设备采用不接零。

答案： 错误

25. 旋转机械转子不平衡故障表征是旋转机械转子不平衡负载一般产生和转子同步力，即不平衡力周期与转速相等，轴心轨迹为圆或椭圆。

    答案： 正确

26. 旋转机械摩擦故障表征是在摩擦故障状态下，轴心轨迹上的键相位不断运动，摩擦开始时，会出现键相位严重跳动。在全摩擦情况下轴心轨迹反向进动，使波形严重畸变，振幅超差。

    答案： 正确

27. 旋转机械气体介质涡动故障表征是气体介质涡动引起的机器振动，一般和机器转速同步。当气体介质涡动所引起的振动比较显著时，相位和轴心轨迹较乱。当气体介质涡动引起的振动频率接近转子的固有频率时，会引起机器强烈振动。

    答案： 正确

28. 油膜波动故障主要表征为振幅上升，相位不断变化，产生正向涡动不规则的轴心轨迹，油温和油压的变化对油膜波动影响较大，转速升高，涡动加剧，载荷越小越易发生油膜失稳。

    答案： 正确

29. 旋转机械转子裂纹故障表征是轴的横向裂纹2倍频的附加振动分量，振幅和相位均会产生周期性变化，当裂纹达到一定深度时，在其平面内的位移量会逐渐加大。

    答案： 正确

30. 旋转机械不对中故障的表征是机械不对中时，一般其径向振动波形为基波和二次谐波的叠加，频谱图上1倍和2倍频分量最大，当转速一定时，相位稳定，联轴器相邻两端轴承处振动较大。

    答案： 正确

31. 压缩机的喘振现象产生的原因是入口压力过大。

    答案： 错误

32. 压缩机的喘振现象产生的原因是流量过小。

    答案： 正确

33. 为了防止供电线路的零线断裂，目前在工厂内广泛使用重复接地。所谓重复接地，就是在零线上的一点或多点与大地再次进行金属连接。

    答案： 正确

五、简答题

1. 旋转机械常见的故障有什么特征？

答案： 旋转机械常见的故障有：旋转机械转子不平衡故障；油膜波动故障；旋转机械摩擦故障；旋转机械气体介质涡动故障；旋转机械转子裂纹故障；旋转机械喘振故障；旋转机械不对中故障。其特征如下：①旋转机械转子不平衡故障表征是旋转机械转子不平衡负载一般产生和转子同步力，即不平衡力周期与转速相等，其振动频率产生1倍频振动分量，其波形为正弦波，在转速一定时相位比较稳定，轴心轨迹为圆或椭圆。②油膜波动故障主要表征为振幅上升，相位不断变化，产生正向涡动不规则的轴心轨迹，油温和油压的变化对油膜波动影响较大，转速升高，涡动加剧，载荷越小越易发生油膜失稳。③旋转机械摩擦故障表征是在摩擦故障状态下，轴心轨迹上的键相位不断运动，摩擦开始时，会出现键相位严重跳动,在全摩擦情况下轴心轨迹反向进动,使波形严重畸变,振幅超差,频谱中除 1 倍频外,各种倍频的幅值都很大。④旋转机械气体介质涡动故障表征是气体介质涡动引起的机器振动,一般和机器转速同步。当气体介质涡动所引起的振动比较显著时,会出现较明显的 0.5 倍频分量,其波形为基波和二次谐波的叠加,相位和轴心轨迹较乱。当气体介质涡动引起的振动频率接近转子的固有频率时,会引起机器强烈振动。⑤旋转机械转子裂纹故障表征是轴的横向裂纹 2 倍频的附加振动分量,振幅和相位均会产生周期性变化。当裂纹达到一定深度时,在其平面内的位移量会逐渐加大。⑥旋转机械喘振故障表征是压缩机出口管道气流发出的噪声时高时低,产生周期性变化,当进入喘振工况点时,喘声剧增;压缩机出口压力和进口流量均比正常工况变化很多且发生周期性大幅度脉动,严重时甚至可能出现气体从压缩机进口被倒推出来;同时会发生强烈振动,振幅会比正常工况大很多。⑦旋转机械不对中故障表征是机械不对中时,一般其径向振动波形为基波和二次谐波的叠加,频谱图上 1 倍和 2 倍频分量最大,当转速一定时,相位稳定,联轴器相邻两端轴承处振动较大。

2. **旋转机械喘振现象有什么特征?**

   答案:①压缩机出口管道气流发出的噪声时高时低,产生周期性变化,当进入喘振工况点时,喘声剧增,甚至有暴音出现;②压缩机出口压力和进口流量均比正常工况变化很多,且发生周期性大幅度脉动,严重时甚至可能出现气体从压缩机进口被倒推出来;③机体会发生强烈振动,振幅会比正常工况大很多,但频率比较低,一般在 0.5 倍频、0.25 倍频以下,甚至在 10Hz 左右有较多分量。

3. **旋转机械状态监测参数有哪几种?一台压缩机上有多少个联锁点?**

   答案:旋转机械状态监测参数有振动、位移、转速、温度。一台压缩机上有 10 个联锁点。

4. **中间再热机组为什么设计旁路系统?**

   答案:中间再热机组在机组启停、低负荷或空负荷运转时,由于锅炉保持稳定燃烧需一定的最小蒸发量,因而在低负荷或空负荷时为了处理锅炉多余的蒸汽量,使汽轮机、锅炉汽量平衡,保护再热器回收工质和热量,所以设计了旁路系统。

5. **简述压缩机电磁阀故障检查方法和判断。**

   答案:压缩机不明原因停车,在排除无联锁的原因并确认保险前有电后,应检查电磁阀是否有故障。①拉开电磁阀保险,看保险是否坏。若坏说明电磁阀内部短路或从保险到电磁阀的线路短路,可以将线路的两端拆下分开,用万用表一量即知(从以往的情况看,电磁阀本身所带的电缆易老化破损,导致短路)。②保险是好的,保险到电磁阀的线路导通,无短路或断路,则电磁阀坏。

6. **简述压缩机推力瓦温度电阻体绝缘不好的原因。**

   答案:推力瓦温度电阻体的绝缘不好主要由以下几个方面造成:①电阻体的质量不可靠,使用一段时间后,绝缘下降;②捆扎线扎得太紧,经过一段时间运行后,由于温度较高致使捆扎处有可能绝缘层破损,造成绝缘降低;③航空插头焊接时,一定要把电阻体焊接线头处理得光滑成束,无分线毛刺,否则容易使毛刺接触到其他端子,造成接地;④如果润滑油质量不好,长时间运行后,润滑油中的一些杂质有可能汇集到插座处,造成插座处的对地绝缘下降。

7. **505 转速控制器输出为什么加隔离?**

   答案:因现场环境高温、潮湿等原因可能造成线路绝缘降低,现场电液转换器停送电时产生反向感应电压;电液转换器产生故障时,易损坏控制器输出通道,所以现场与控制器之间应选用无源隔离模块进行隔离。

8. 轴位移输出特性是什么？

答案：轴位移有两种输出方式：①趋近为正，反向（被测面接近探头时，输出电压或电流增大，离开减小）；②趋近为负，正向（被测面接近探头时，输出电压或电流减小，离开增大）。两者选其一，出厂时已设定好，不能修改。

9. 505 转速控制器影响停车的方式有几种？

答案：有两种：第一种是当外部跳闸信号输入时，转速控制电流输出电流为零，ETS 保护输出联锁（电磁阀停电）停机；第二种是当汽轮机转速超速或者 505 转速控制器有故障时，转速控制电流输出为零，信号保护停机。

10. 若投用联锁前发现继电器指示灯不亮，应怎样处理？

答案：应从操作站画面指示、卡件、卡件至继电器接线、继电器等几方面考虑：①先检查操作站画面指示是否正常，各联锁参数应指示正常值，开停车指示灯应处于开车状态［指示灯（绿）亮］；②卡件本身是否有问题，比如查看卡件通道指示灯、卡件电源或更换同型号的一个新卡件（注意更换卡件时应切除该卡件通道输出的所有联锁，并在技术员指导下进行）；③通道问题，重新更换正常卡件（同型号）的某通道，重新实验；④线路检查，端子排到控制器—电磁阀—线路问题；⑤继电器输出触点状态是否正常，若正常应检查继电器的发光管是否正常；⑥程序问题，如果各个环节检查都无误，重新检查该点程序组态（软硬件）。

11. 压缩机投运联锁时，为什么必须确认输出继电器绿灯亮后再投硬件联锁开关？

答案：联锁信号流程如下：

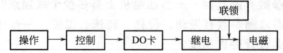

因为联锁信号控制比较复杂，信号流程点较多，控制器 ET2000 站、DO 卡件、中间线路等环节有可能出现问题，导致电器供电不正常（此时绿灯灭），常开触点无法闭合，电磁阀正常供电，回路不能构成通路。此时如果投运硬件联锁开关，将导致电磁阀失电停车。所以要求必须确认继电器带电（绿灯亮）后再投硬件联锁。

12. 为什么联锁系统的电磁阀往往在通电状态下工作？

答案：①石油化工的联锁系统是为保证安全生产、预防事故发生而设置的，对其发信器件和执行结构的可靠性要求很高；②平时处于断电状态，难以知道电磁阀工作是否正常；③当发生停电事故时电磁阀仍能可靠动作。

13. 试简述旋转机械喘振故障的机理及一般仪表防喘振措施。

答案：压缩机在运转过程中，流量不断减小，到最小流量界限时，就会在压缩机流道中出现严重的气体介质涡动，流动严重恶化，使压缩机出口压力突然大幅度下降。由于压缩机总是和管网系统联合工作的，这时管网中的压力并不马上降低，于是管网中的气体压力就会大于压缩机出口压力，因而管网中的气流就会倒流向压缩机，直到管网中的压力降至压缩机出口压力时，倒流才会停止。压缩机又开始向管网传气，压缩机的流速增大，恢复正常工作，但当管网的压力恢复到原来压力时，压缩机流量又减少，又引起气体倒流，周而复始，产生周期性气体振荡现象。防喘措施：根据压缩机运行时防喘曲线，确定一个合适的喘振仪表控制系统，再根据喘振发生的特点，通过特定的仪表控制系统来控制，把防喘阀打开，防止喘振发生，保护机组的安全稳定运行。

14. 若遇到触电者，应怎样进行紧急救护？

答案：若遇到触电者，必须用最迅速的方法使触电者脱离电源，然后进行现场紧急救护并及时拨打120急救电话。当触电者出现假死时，更应分秒必争地在现场对触电者做人工呼吸或胸外挤压进行急救，不可静等医生到来或送到医院再抢救，就算在救护车上也不可中断急救。另外，不可盲目地打强心针。人工呼吸法适用于有心跳，但无呼吸的触电者；胸外挤压法适用于有呼吸，但无心跳的触电者；若触电者既无呼吸又无心跳，可同时采用人工呼吸法和胸外挤压法进行急救。

15. 工作班成员的安全责任是什么？

    答案：认真执行《电业安全工作规程》和现场安全措施，互相关心施工安全，并监督安全规程和现场安全措施的实施。

16. 锅炉过热器安全门与汽包安全门用途有何不同？

    答案：锅炉过热器安全门与汽包安全门都是防止锅炉超压的保护装置。过热器安全门是第一道保护，汽包安全门是第二道保护。整定时要求过热器安全门先动作，这是因为过热器安全门排出的蒸汽对过热器有冷却作用，而汽包安全门排出的蒸汽不经过过热器，这时过热器失去冷却容易超温，故只有在过热器安全门失灵的情况下或过热器安全门动作后压力仍不能恢复时，汽包安全门才动作。

17. 分子筛的主要特性有哪些？

    答案：①吸附力极强，选择性吸附性能也很好；②干燥度极高，对高温高速气流都有良好的干燥能力；③稳定性好，使用寿命也比较长；④分子筛对水分的吸附能力特强，其次是乙炔和二氧化碳。

18. 精馏塔工艺操作应满足哪几方面要求？

    答案：①质量指标；②物料平衡；③能量平衡；④约束条件。

19. 精馏塔是一个什么样的控制系统？

    答案：①多输入多输出；②动态响应缓慢；③变量间互相关联。

20. 精馏塔中哪些是可控干扰变量？

    答案：①进料流量；②进料温度；③焓。

21. 精馏塔采用温度作为被控变量可根据实际情况选择哪几种温度控制方式？

    答案：①塔顶；②塔底；③灵敏板；④中温控制。

22. 在采用精密精馏时，为何要考虑补偿或消除压力的微小波动？

    答案：①微小压力波动将影响温度与组分间的关系；②产品质量不能满足工艺要求。

第三模块 电工电子技术基础知识

一、填空题

1. 电阻电路中，不论串联还是并联，电阻上_____等于电源输出的功率。

   答案： 消耗的功率总和

2. 仪表电源电压降及回路电压降一般不应超过额定电压值的_____%。

   答案： 25

3. 在电阻（R）、电感（L）、电容（C）串联电路中，已知 $R=3\Omega$，$X_L=5\Omega$，$X_C=8\Omega$，则电路的性质为_____。

   答案： 容性

4. 在电阻（R）、电感（L）、电容（C）串联电路中，已知 $R=3\Omega$，$X_L=8\Omega$，$X_C=5\Omega$，则电路的性质为_____。

   答案： 感性

5. 在电阻（R）、电感（L）、电容（C）串联电路中，已知 $R=3\Omega$，$X_L=8\Omega$，$X_C=8\Omega$，则电路的性质为_____。

   答案： 阻性

6. 在三相对称电路中，已知线电压 U、线电流 I 及功率因数角 ϕ，则有功功率 $P=$_____，无功功率 $Q=UI\sin\phi$，视在功率 $S=UI$。

   答案： $UI\cos\phi$

7. 在三相对称电路中，已知线电压 U、线电流 I 及功率因数角 ϕ，则有功功率 $P=UI\cos\phi$，无功功率 $Q=$_____，视在功率 $S=UI$。

   答案： $UI\sin\phi$

8. 在三相对称电路中，已知线电压 U、线电流 I 及功率因数角 ϕ，则有功功率 $P=UI\cos\phi$，无功功率 $Q=UI\sin\phi$，视在功率 $S=$_____。

   答案： UI

9. 三相变压器的额定电压和额定电流是指线电压和_____。

   答案： 线电流

10. 三相负载接于三相供电线路上的原则是，若负载的额定电流等于电源线电流，负载应作_____连接。

    答案： Y形

11. 三相对称负载无论连接成三角形还是星形，它们的有功功率都可以用_____和 $P=\sqrt{3}U_{线}I_{线}\cos\phi$ 公式来计算。

    答案： $P=3U_{相}I_{相}\cos\phi$

12. 三相对称负载无论连接成三角形还是星形，它们的有功功率都可以用 $P=3U_{相}I_{相}\cos\phi$ 和_____公式来计算。

    答案： $P=\sqrt{3}U_{线}I_{线}\cos\phi$

13. 交流电路测量和自动保护中，使用_____的目的是可扩大量程，又可降低测量设备及保护设备的绝缘等级。

    答案：电流互感器

14. 使用电流互感器和电压互感器时，其二次绕组应分别_____接入被测电路之中。

    答案：串联、并联

15. 带电换表时，若接有电压、电流互感器，则应分别_____。

    答案：开路、短路

16. 在下限频率 f_L 与上限频率 f_H 之间的频率范围，通常称为放大器的_____。

    答案：通频带

17. 输入电阻是衡量放大器对输入信号衰减程度的重要指标，_____，则对输入信号的衰减程度越小。

    答案：输入电阻越大

18. 输出电阻是用来衡量放大器带负载能力强弱的重要标志，_____，则放大器带负载能力越强。

    答案：输出电阻越小

19. 放大器的频率特性可用相频特性和_____全面表征。

    答案：幅频特性

20. 多级放大器的级间耦合方式通常有变压器耦合、_____和直接耦合三种。

    答案：RC 耦合

21. 调制式直流放大器中的调制级常采用的形式有_____、晶体管调制和振动变流器调制。

    答案：场效应管调制

22. 理想运算放大器的两个重要条件是_____和_____。

    答案：虚短，虚断

23. 理想运算放大器当输入信号为零时，输出信号为_____。

    答案：零

24. JF-12 型晶体管放大器的调制级采用_____进行调制。它的作用是把直流信号变成交流信号。

    答案：振动变流器

25. 在利用集成运放进行微分运算的基本电路中，电容两端建立的电压是流过它的_____。

    答案：电流的微分

26. 在利用集成运放进行积分运算的基本电路中，电容两端建立的电压是流过它的_____。

    答案：电流的积分

27. 利用集成运放进行比例运算的基本电路，其_____与输出电流成比例关系。

    答案：输入电流

28. 脉冲信号电路是一种_____。

    答案：多谐振荡电路

29. RC 正弦波振荡器有_____两种振荡器。

    答案：RC 桥式和 RC 移相式

30. 利用集成运放不能组成的电路是_____。

    答案：微分器

31. 集成运放中的三极管应该是_____。

    答案：NPN 型

32. 集成运放是具有高放大倍数的＿＿＿＿放大电路。

    答案：直接耦合

33. 集成运放均有一定的带载能力，可以＿＿＿＿与负载连接。

    答案：直接

34. 对 2×2 过程，相对增益矩阵中每行和每列上的两个相对增益之和为 1。因此只需求出其中的一个，其他三个便可得到。只要其中一个在 0 和 1 之间，其他三个也一定在＿＿＿＿之间。

    答案：0 和 1

35. 对 2×2 过程，相对增益矩阵中每行和每列上的两个＿＿＿＿之和为 1。因此只需求出其中的一个，其他三个便可得到。只要其中一个在 0 和 1 之外，其他三个也一定在 0 和 1 之外。

    答案：相对增益

36. 对 2×2 过程，若一对相对增益为 1，则另一对一定为 0。这时将不存在＿＿＿＿。

    答案：静态关联

37. 对 2×2 过程，若一对相对增益在 0.5 至 1 之间，则另一对一定在 0 至 0.5 之间，这时存在＿＿＿＿。

    答案：静态关联

38. 对 2×2 过程，当四个相对增益均在 0 和 1 之间时，称为＿＿＿＿。

    答案：正关联

39. 对 2×2 过程，当一对相对增益大于 1，另一对必然小于 1（为负值）时，称之为＿＿＿＿。

    答案：负关联

40. 二选一表决逻辑 1oo2 方式，是指在正常状态下，A、B 状态为 1，只要 A、B ＿＿＿＿发生故障为 0 时，表决器命令执行器执行相应动作。

    答案：任一信号

41. 二选二表决逻辑 2oo2 方式，是指在正常状态下，A、B 状态为 1，只要 A、B 信号＿＿＿＿为 0 时，表决器命令执行器执行相应动作。

    答案：同时发生故障

42. 三选一表决逻辑 1oo3 方式，是指在正常状态下，A、B、C 状态为 1，只要 A、B、C 中＿＿＿＿为 0 发生故障，通过表决器执行命令执行器执行相应动作。

    答案：任一信号

43. 三选二表决逻辑 2oo3 方式，是指在正常状态下，A、B、C 状态为 1，只要 A、B、C 任两个组合信号＿＿＿＿为 0 时，表决器命令执行器执行相应的联锁动作。

    答案：同时发生故障

44. 安全仪表系统（SIS）的逻辑表决中，"二选一"（1oo2）隐故障的概率＿＿＿＿"一选一"（1oo1）隐故障的概率。

    答案：小于

45. 对安全仪表系统（SIS）的隐故障的概率而言，"二选一"（1oo2）和"二选二"（2oo2）相比，＿＿＿＿。

    答案：前者大于后者

46. 对安全仪表系统（SIS）的显故障的概率而言，"二选一"（1oo2）和"二选二"（2oo2）相比，＿＿＿＿。

答案：前者小于后者

47. 对安全仪表系统（SIS）的显故障的概率而言，"三选二"（2oo3）和"二选二"（2oo2）相比，_____。

    答案：前者大于后者

48. 随转速的升高，对于不平衡故障是振幅_____。

    答案：增大得太快

49. HART 网络的最小阻抗是_____。

    答案：230Ω

50. HART 网络中最多可以接入_____个基本主设备或副主设备。

    答案：2

51. HART 网络的理想接地方式是屏蔽电缆应在_____接地。

    答案：一点

52. HART 通信中，通信介质的选择视传距离长短而定。通常采用双绞同轴电缆作为传输介质时，最大传送距离可达到_____m。

    答案：1500

53. HART 通信协议参照 ISO/OSI 7 层参考模型，简化并引用了其中的_____、_____和数据链路层。

    答案：物理层，应用层

54. HART 协议通信采用的是_____通信方式。

    答案：半双工

55. HART 协议通信中，主要的变量和控制信息由_____传送。

    答案：CSK

56. HART 协议参考 ISO/OSI _____，采用了它的简化三层模型结构。

    答案：开放系统互联模型

二、单选题

1. 如果单相变压器的初级线圈的匝数为 $N_1=200$ 匝，已知此变压器的变比为 $n=0.1$，那么，次级线圈的匝数 N_2 为_____匝。

   A. 20　　　　B. 200　　　　C. 2000　　　　D. 20000

   答案：C

2. 如果单相变压器的初级线圈的电压为 $U_1=2200$V，已知此变压器的变比为 $n=10$，那么，次级线圈的电压 U_2 为_____V。

   A. 22　　　　B. 220　　　　C. 2200　　　　D. 22000

   答案：B

3. 如果单相变压器的初级线圈的电流为 $I_1=2$A，已知此变压器的变比为 $n=0.1$，那么，次级线圈的电流 I_2 为_____A。

   A. 20　　　　B. 2　　　　C. 0.2　　　　D. 0.1

   答案：A

4. 变压器的额定容量表示变压器允许传递的最大功率，一般用_____表示。

   A. 有功功率　　B. 视在功率　　C. 无功功率　　D. 电功率

   答案：B

5. 单相变压器的额定容量是_____。

A. 初级的额定电压与额定电流的乘积
B. 初级的额定电压、额定电流和功率因数的乘积
C. 次级的额定电压与额定电流的乘积
D. 次级的额定电压、额定电流和功率因数的乘积
答案：C

6. 两个 10Ω 的电阻并联后，再与一个 10Ω 的电阻串联，其等效电阻为_____Ω。
   A. 5   B. 10   C. 15   D. 20
   答案：C

7. 在电阻（R）、电感（L）、电容（C）串联电路中，已知 $R=3Ω$，$X_L=5Ω$，$X_C=8Ω$，则电路的性质为_____。
   A. 感性   B. 容性   C. 阻性   D. 不能确定
   答案：B

8. 在电阻（R）、电感（L）、电容（C）串联电路中，已知 $R=3Ω$，$X_L=8Ω$，$X_C=5Ω$，则电路的性质为_____。
   A. 感性   B. 容性   C. 阻性   D. 不能确定
   答案：A

9. 在电阻（R）、电感（L）、电容（C）串联电路中，已知 $R=3Ω$，$X_L=8Ω$，$X_C=8Ω$，则电路的性质为_____。
   A. 感性   B. 容性   C. 阻性   D. 不能确定
   答案：C

10. 电阻、电容、电感组成的并联电路，若流过电阻的电流为 10A，流过电容的电流为 10A，那么电路的总电流为_____A。
    A. 15   B. 14   C. 17   D. 20
    答案：B

11. 电阻和电容组成并联电路，若流过电阻的电流为 10A，流过电容的电流为 10A，那么电路的总电流为_____A。
    A. 10   B. 14   C. 17   D. 20
    答案：A

12. 电阻 R_1 与 R_2（$R_1>R_2$）并联时，则有_____。
    A. $I_1>I_2$ B. $P_1>P_2$ C. $U_1>U_2$ D. 以上均不对
    答案：B

13. 当三相负载的额定电压等于电源的相电压时，三相负载应作_____连接。
    A. Y   B. X   C. △   D. S
    答案：A

14. 当三相负载的额定电流等于电源的相电流时，三相负载应作_____连接。
    A. Y   B. X   C. △   D. S
    答案：A

15. 在三相交流电中，A 相、B 相、C 相与 N（中性线）之间的电压都为 220V，那么 A 相与 B 相之间的电压应为_____V。
    A. 0   B. 440   C. 220   D. 380
    答案：D

16. 三相对称交流电动势相位依次滞后_____。

A. 30°　　　　　　B. 60°　　　　　　C. 90°　　　　　　D. 120°
答案：D

17. 下列特点中不属于电涡流传感器优点的是_____。
A. 抗干扰力强　　　　　　　　　　B. 长时间使用可靠性高
C. 能提供慢转动信息　　　　　　　D. 对被测材料性质不敏感
答案：D

18. 下列特点中不属于电涡流传感器缺点的是_____。
A. 对被测材料性质敏感　　　　　　B. 对被测物表面状况敏感
C. 不能提供慢转动信息　　　　　　D. 安装较为复杂
答案：B

19. 将电涡流传感器配以适当的测量电路，可得到_____与电压之间的转化特性。
A. 品质因数　　　B. 等效电感　　　C. 等效阻抗　　　D. 位移
答案：D

20. 电涡流传感器测得的间隙和电压之间的实际曲线转换特性在_____成线性关系。
A. 中间段　　　　B. 低端　　　　　C. 高端　　　　　D. 所有线段
答案：A

21. 强导磁材料的被测体会使电涡流传感器的灵敏度_____。
A. 升高　　　　　B. 降低　　　　　C. 不变　　　　　D. 一定
答案：B

22. 一个完整的电涡流传感器系统组成部件不包括_____。
A. 同轴电缆的探头　　　　　　　　B. 长电缆
C. 前置器　　　　　　　　　　　　D. 监测器
答案：D

23. 被测体表面越小，电涡流传感器探头的灵敏度_____。
A. 高　　　　　　B. 低　　　　　　C. 不变　　　　　D. 不一定
答案：B

24. 5m 规格的 3300 传感器系统要求从探头端部到前置器距离_____ m。
A. 4　　　　　　 B. 4.5　　　　　　C. 5　　　　　　 D. 5.5
答案：C

25. 3300 前置器需要在它的 n 端和 COM 端之间提供_____V 直流电压。
A. 12　　　　　　B. 24　　　　　　C. 12　　　　　　D. 2
答案：B

26. 对于测量转轴位移振动的电涡流传感器，其灵敏度受被测体磁导率和被测体表面尺寸的影响，_____。
A. 磁导率强，表面尺寸大的被测体灵敏度高　B. 磁导率弱，表面尺寸大的被测体灵敏度高
C. 磁导率强，表面尺寸小的被测体灵敏度高　D. 磁导率弱，表面尺寸小的被测体灵敏度高
答案：B

27. 交流电路测量和自动保护中，使用电流互感器的目的是_____。
A. 既可扩大量程，又可降低测量设备及保护设备的绝缘等级
B. 增加测量保护精度
C. 为了扩大量程
D. 为了安全

答案：A

28. 使用电流互感器和电压互感器时，其二次绕组应分别_____接入被测电路之中。
   A. 串联、并联　　B. 并联、串联　　C. 串联、串联　　D. 并联、并联
   答案：A

29. 带电换表时，若接有电压、电流互感器，则应分别_____。
   A. 开路、短路　　B. 短路、开路　　C. 均开路　　D. 均短路
   答案：A

30. 对于理想变压器来说，下面叙述正确的是_____。
   A. 理想变压器可以改变各种电源电压
   B. 理想变压器不仅能改变电压，还能改变电流和功率
   C. 理想变压器一次绕组的输入功率由二次绕组的输出功率决定
   D. 理想变压器的铁芯，互感现象依然存在，变压器仍然能正常工作
   答案：C

31. 一台变压器作阻抗变换用，变比为 10，副边阻抗为 10Ω，折算到原边的阻抗为_____Ω。
   A. 1　　B. 10　　C. 100　　D. 30
   答案：C

32. 变压器绕组若采用交叠式放置，为了绝缘方便，一般在靠近上下磁轭（铁芯）的位置安放_____。
   A. 低压绕组　　B. 中压绕组　　C. 高压绕组　　D. 无法确定
   答案：A

33. 磁铁中，磁性最强的部位在_____。
   A. 中间　　B. 两极　　C. 中间与两极之间　　D. 视情况而定
   答案：B

34. 磁场强度的大小与_____无关。
   A. 电流　　B. 线圈的几何尺寸　　C. 所处位置　　D. 介质的磁导率
   答案：D

35. 通常在用直流法测量单相变压器同名端时，用一个 5V 或 3V 的干电池接入高压绕组，在低压侧接一只直流毫伏表或直流微安表，当合上闸刀瞬间，表针向正方向摆动，则接电池正极的端子与接电表正极的端子为_____。
   A. 异名端　　B. 同名端　　C. 异极性　　D. 无法确定
   答案：B

36. 三相电动势的正弦交流电的有效值等于最大值的_____。
   A. 1/3　　B. 1/2　　C. 2　　D. 0.7
   答案：D

37. 异步电动机的功率不超过_____kW，一般可以采用直接启动。
   A. 5　　B. 10　　C. 15　　D. 12
   答案：B

38. 一般三相异步电动机在额定工作状态下的转差率约为_____。
   A. 30%～50%　　B. 2%～5%　　C. 15%～30%　　D. 100%
   答案：B

39. 三相异步电动机直接启动造成的危害主要指_____。

A. 启动电流大，使电动机绕组被烧毁
B. 启动时在线路上引起较大电压降，使同一线路负载无法正常工作
C. 启动时功率因数较低，造成很大浪费
D. 启动时启动转矩较低，无法带负载工作
答案：B

40. 某异步电动机的磁极数为4，该异步电动机的同步转速为_____ r/min。
   A. 3000   B. 1500   C. 1000   D. 750
   答案：B

41. 三相笼型异步电动机有一个很重要参数就是转差率，用 n_1 表示同步转速，用 n 表示电动机转速，用 S 表示转差率，则转差率公式为_____。
   A. $S=n_1/n$ B. $S=n/n_1$ C. $S=(n_1-n)/n$ D. $S=(n_1-n)/n_1$
   答案：D

42. 三相笼型异步电动机的机械特性是指电动机的转速与_____的关系。
   A. 电磁转矩   B. 电磁力矩   C. 转矩   D. 力矩
   答案：A

43. 在三相笼型异步电动机定子绕组上通入三相交流电，能产生一个旋转磁场，旋转磁场的旋转方向和电源的_____一致。
   A. 相位   B. 相序   C. 初相角   D. 角频率
   答案：B

44. 三相笼型异步电动机在结构上主要是由定子和转子组成的，定子是电动机的静止不动部分，它的作用是_____。
   A. 输入电压   B. 产生旋转磁场
   C. 输入功率   D. 输入功率，带动转子转动
   答案：D

45. 要使三相笼型异步电动机的转子转动，其先决条件是要有一个_____。
   A. 三相交流电源   B. 三相对称负载
   C. 旋转磁场   D. 定子绕组
   答案：C

46. 为了使异步电动机能采用Y-△降压启动，前提条件是电动机额定运行时为_____。
   A. Y形连接   B. △形连接
   C. Y/△形连接   D. 延边三角形连接
   答案：B

47. 集成运放是具有高放大倍数的直接耦合的_____。
   A. 放大电路   B. 多谐振荡电路
   C. 微分电路   D. 积分电路
   答案：A

48. 用集成运放不能组成的电路是_____。
   A. 比例器   B. 积分器   C. 微分器   D. 整流器
   答案：C

49. 集成运放的基本接法有_____种。
   A. 2   B. 3   C. 4   D. 5
   答案：A

50. 串联电路具有的特点是_____。
   A. 串联电路中各电阻两端电压相等
   B. 各电阻上分配的电压与各自电阻的阻值成正比
   C. 各电阻上消耗的功率之和等于电路所消耗的总功率
   D. 流过每一个电阻的电流不相等
   答案：C

51. 下列关于并联电路的叙述，错误的是_____。
   A. 在电阻并联电路中，通过各支路电阻的电流与电阻成反比
   B. 在电阻并联电路中，每个电阻两端的端电压相等
   C. 电压为电场中任意两点间的电位差
   D. 在电阻并联电路中，各支路电阻消耗的功率与电阻成正比
   答案：D

52. 当某些晶体某一个方向受压或机械变形（压缩或拉伸）时，在其相对表面上会产生异种电荷，当外力去掉后，它又重新回到不带电荷的状态，此现象称为_____。
   A. 压电效应   B. 压阻效应   C. 拉伸效应   D. 变电容
   答案：A

53. 当固体受到作用力后，其电阻率会发生变化，也就是说当硅应变元件受到压力作用时，硅应变元件的电阻发生变化，从而使输出电压发生变化，此现象称为_____。
   A. 压电效应   B. 压阻效应   C. 硅应变   D. 变电容
   答案：B

54. 压电式压力传感器是根据_____原理把被测压力转换为电信号的传感器。
   A. 压电效应   B. 压阻效应   C. 单晶硅   D. 变电容
   答案：A

55. 压阻式压力传感器是根据半导体材料（单晶硅）的_____原理制成的传感器。
   A. 压电效应   B. 压阻效应   C. 电量变化   D. 电容变化
   答案：B

56. 谐振式压力传感器原理是靠被测压力所形成的应力改变弹性元件的_____，经过适当的电路输出频率信号，此频率信号反映被测压力。
   A. 压电效应   B. 压阻效应   C. 谐振频率   D. 电容变化
   答案：C

57. 一般最常用的非线绕固定电阻器主要是_____。
   A. 薄膜电阻器   B. 实心电阻器   C. 玻璃釉电阻器   D. 电位器
   答案：A

58. 一般最常用的贴片电阻器，属于_____中的一种。
   A. 金属膜电阻   B. 碳膜电阻   C. 玻璃釉电阻   D. 氧化膜电阻
   答案：C

59. 普通 1/8W 直插电阻器的最常见的阻值标注方法是_____。
   A. 色环法   B. 直标法   C. 字符号法   D. 色点法
   答案：A

60. 我们经常接触的电阻器常常说是 0805 的或是 1206 的，其中 0805、1206 指的是电阻器的_____。
   A. 阻值   B. 类型   C. 封装   D. 型号

答案：C

61. 两个色环固定电阻器阻值相同，都为10kΩ，一个是四环的，一个是五环的，它们的精度_____。
   A. 四环的高   B. 五环的高   C. 一样   D. 没有可比性
   答案：B

62. 具有自愈作用的电容器类型是_____。
   A. CZ   B. CJ   C. CY   D. CC
   答案：B

63. 直流电路中，需要注意有极性之分的电容器是_____。
   A. CC   B. CJ   C. CB   D. CD
   答案：B

64. 一般可变电感器的实现方法主要是_____。
   A. 在线圈中插入铁芯，通过改变他们的位置来调节
   B. 在线圈上安装一滑动的触点，通过改变触点的位置来调节
   C. 将两个线圈并联，通过改变两线圈的相对位置达到互感量的变化，而使电感量随之变化
   D. 以上都可以
   答案：D

65. 两种电感器大小、线径、匝数都相同，只是一个是铁芯（硅钢片铁芯），一个是粉芯（铁氧体铁芯），我们需要一个低频滤波用的，另一个高频旁路用的，而手头不巧没有电感表，一般我们怎样选择？低频滤波用_____，高频旁路用_____。
   A. 铁芯电感　粉芯电感   B. 粉芯电感　铁芯电感
   C. 铁芯电感　铁芯电感   D. 粉芯电感　粉芯电感
   答案：A

66. 常见的3AG和3DG系列管的主要区别是_____。
   A. 器件的耐压不同   B. 器件的类型不同
   C. 器件的本体材料不同   D. 都不是
   答案：C

67. 固态继电器相比常用触点继电器的优势是_____。
   A. 工作可靠，驱动功率小   B. 无触点，无噪声
   C. 开关速度快，工作寿命长   D. 以上都是
   答案：D

68. AC-SSR 为_____。
   A. 两端器件   B. 三端器件   C. 四端器件   D. 五端器件
   答案：C

69. 三相 AC-SSR 为_____。
   A. 三端器件   B. 五端器件   C. 六端器件   D. 七端器件
   答案：B

70. 下列颜色的发光二极管，_____色的正向导通电压最大。
   A. 红   B. 紫   C. 绿   D. 黄
   答案：B

71. 稳压二极管的简单应用电路中，电路中串入电阻的主要作用是_____。
   A. 降低电压，降低功耗   B. 平衡阻抗，使输入输出阻抗匹配

C. 限制电流，提供合适的工作点　　　　D. 减弱干扰，提高器件的抗干扰性
答案：C

72. 电路一般由_____组成。
A. 电池、开关、灯泡　　　　　　　　　B. 电源、负载和中间环节
C. 直流稳压电源、开关、灯泡　　　　　D. 电源、负载、电线
答案：B

73. 单相正弦交流电路的三要素是_____。
A. 电压、电流、频率　　　　　　　　　B. 电压、相电流、线电流
C. 幅值、频率、初相角　　　　　　　　D. 电流、频率、初相角
答案：C

74. 在电气设备的保护接零方式中，常常采用重复接地的主要目的是_____。
A. 降低零线的线径，节省材料
B. 降低对接地电阻的要求，进而降低系统总造价
C. 方便在各点加触电保护装置，保护人身安全
D. 防止零线断线，保证接地系统的可靠
答案：D

75. 充油式设备，如油浸式电力变压器，产生爆炸的直接原因是_____。
A. 油箱内温度超过当地最高气温　　　　B. 因某种原因引起的压力、温度超过允许极限
C. 三相缺一相，造成运行电流超标　　　D. 内部产生电弧光作用产生可燃气体
答案：B

76. 电压表的内阻_____。
A. 越小越好　　　B. 越大越好　　　C. 适中为好　　　D. 没有影响
答案：B

77. 电流表的内阻_____。
A. 越小越好　　　B. 越大越好　　　C. 适中为好　　　D. 没有影响
答案：A

78. 普通功率表在接线时，电压线圈和电流线圈的关系是_____。
A. 电压线圈必须接在电流线圈的前面　　B. 电压线圈必须接在电流线圈的后面
C. 电压线圈与电流线圈前后交叉接线　　D. 以上情况均可，视具体情况而定
答案：D

79. 测量很大的电阻时，一般选用_____。
A. 电压电流两个表　　　　　　　　　　B. 直流双臂电桥
C. 万用表的欧姆挡　　　　　　　　　　D. 兆欧表
答案：D

80. 测量电容，除可选用电容表外，还可选用_____。
A. 直流单臂电桥　　　　　　　　　　　B. 直流双臂电桥
C. 交流电桥　　　　　　　　　　　　　D. 万用表的欧姆挡
答案：C

81. 交流电能表属_____。
A. 电磁系仪表　　B. 电动系仪表　　C. 感应系仪表　　D. 磁电系仪表
答案：C

82. 常用万用表属于_____。

A. 电磁系仪表 B. 电动系仪表 C. 感应系仪表 D. 磁电系仪表
答案：A

83. 测量1Ω以下小电阻，如果要求精度高，应选用_____。
A. 双臂电桥 B. 毫伏表及电流表 C. 单臂电桥 D. 万用表 $R \times 1$ 挡
答案：A

84. 数字万用表更适用于_____的测量。
A. 市电电压 B. 市电电流 C. 较稳定的直流电压 D. 电容
答案：C

85. 万用表的转换开关是实现_____。
A. 各种测量种类及量程的开关 B. 万用表电流接通的开关
C. 接通被测物的测量开关 D. 测量量保持的开关
答案：A

86. 安装配电盘控制盘上的电气仪表外壳_____。
A. 必须接地 B. 不必接地 C. 互相连接 D. 视情况定
答案：B

87. 用万用表测15mA的直流电流，应选用_____电流挡。
A. 10mA B. 25mA C. 50mA D. 100mA
答案：B

88. 测量电阻时，尽量使表针指在刻度中间位置的原因是_____。
A. 减少误差 B. 容易读数 C. 减少表的损坏 D. 其实在哪都一样
答案：A

89. 万用表的表头通常采用电流表的类型为_____。
A. 磁电式 B. 电磁式 C. 电动式 D. 感应式
答案：A

90. 当万用表的转换开关放在空挡时，则_____。
A. 表头被断开 B. 表头被短路 C. 与表头无关 D. 整块表被断开
答案：B

91. 测量电阻时，数字式万用表和指针式万用表的红黑表笔的极性_____。
A. 相同 B. 相反 C. 不确定 D. 没有极性区分
答案：B

92. 万用表进行电气调零时，电池供给电流最大的一挡是_____。
A. $R \times 1$ B. $R \times 10$ C. $R \times 100$ D. $R \times 1000$
答案：A

93. 万用表测量电阻时，如果指针在最左侧，说明测量的电阻_____。
A. 开路 B. 阻值太大 C. 烧毁 D. 以上都有可能
答案：D

94. 三相变压器的容量等于次级的_____与_____乘积的$\sqrt{3}$倍。
A. 额定相电压 B. 额定相电流
C. 额定线电压 D. 额定线电流
E. 额定电压
答案：C，D

三、多选题

1. 三相对称负载无论连接成三角形还是星形，它们的有功功率都可以用_____公式来计算。

   A. $P = 3UI\cos\varphi$
   B. $P = 3U_{相}I_{相}\cos\varphi$
   C. $P = \sqrt{3UI}\cos\varphi$
   D. $P = \sqrt{3}U_{线}I_{线}\cos\varphi$
   答案：B，D

2. 将三相对称负载连接成三角形时，如果每相为感性负载，感抗为 Z，则下列各式中正确的是_____。

   A. $I_{\Delta 相} = \dfrac{U_{\Delta 相}}{Z_{\Delta 相}}$
   B. $I_{\Delta 线} = I_{\Delta 相}$
   C. $I_{\Delta 线} = \sqrt{3}\,I_{\Delta 相}$
   D. $I_{\Delta 相} = \sqrt{3\,I_{\Delta 线}}$
   答案：A，C

3. 对于单相变压器，如果忽略初、次级线的直流电阻和漏磁通，线圈中感生电压与感生电动势之间存在的关系是_____。

   A. 感生电压等于感生电动势
   B. 感生电动势大于感生电压
   C. 感生电压与感生电动势相位相同
   D. 感生电压与感生电动势相位相反
   E. 不能确定
   答案：A，D

4. 三相笼型异步电动机的同步转速与_____有关。

   A. 三相交流电源的频率
   B. 三相交流电的有效值
   C. 三相交流电的初相角
   D. 磁极对数
   E. 磁感应强度
   答案：A，D

5. 三相笼型异步电动机在结构上主要是由定子和转子组成的，定子一般是由_____等部分组成。

   A. 接线盒   B. 绕组   C. 动作铁芯   D. 机座   E. 电刷
   答案：B，C，D

6. RC 正弦波振荡器有_____两种振荡器。

   A. RC 桥式
   B. RC 移相式
   C. 变压器反馈式
   D. 三点式
   E. 反馈式
   答案：A，B

7. 线性有源二端口网络可以等效成_____。

   A. 理想电压源
   B. 理想电压源和电阻的串联组合
   C. 理想电流源
   D. 理想电流源和电阻的并联组合
   E. 理想电压源和理想电流源的并联组合
   答案：B，D

8. 下列文字符号表示的低压电器中，用于控制电路的是_____。

   A. QS   B. SQ   C. KT   D. KM   E. SB
   答案：B，C，E

9. 晶闸管触发电路所产生的触发脉冲信号必须_____。
   A. 有一定的电位　　　　　　　　　　B. 有一定的电抗
   C. 有一定的频率　　　　　　　　　　D. 有一定的功率
   E. 有一定的宽度
   答案：D，E

10. 三相可控整流触发电路调试时，要检查_____。
    A. 三相同步电压的波形　　　　　　　B. 整流变压器的输出波形
    C. 晶闸管两端的电压波形　　　　　　D. 输出双脉冲的波形
    E. 三相锯齿波的波形
    答案：A，D，E

11. 单相半波可控整流电路电阻性负载，一个周期内输出电压波形的导通角可以是_____。
    A. 90°　　　　　　B. 120°　　　　　　C. 150°　　　　　　D. 240°
    答案：A，B，C

12. 单相桥式可控整流电路大电感负载无续流管，输出电流波形_____。
    A. 只有正弦波的正半周部分　　　　　B. 正电流部分大于负电流部分
    C. 会出现负电流部分　　　　　　　　D. 是一条近似水平线
    E. 不会出现负电流情况
    答案：D，E

13. 断路器可以替代_____。
    A. 开关　　　　　　B. 刀开关　　　　　C. 熔断器　　　　　D. 漏电保护器
    答案：C，D

14. 关于三相电路，正确的说法有_____。
    A. 三相电源是对称的　　　　　　　　B. 负载连接有两种形式
    C. 三相功率只与负载有关　　　　　　D. 平均功率与时间无关
    答案：A，B，D

15. 直导体中产生感生电流的条件是_____。
    A. 直导体相对磁场做切割磁力线运动　　B. 直导体中磁通发生变化
    C. 直导体是闭合电路的一部分　　　　　D. 直导体所在电路可以断开也可以闭合
    答案：A，C

16. 在下面的叙述里，属于交流电有效值的是_____。
    A. 交流电灯泡上标注 220V，60W，其中交流电 220V
    B. 使用交流电压表对交流电路进行测量，得到仪表示值为 380V
    C. 在一台电动机的铭牌上标有"额定电流 80A"的字样
    D. 有一个正弦交流电动势 $e=311\sin(100\pi t+\pi/6)$V，式中的 311V
    答案：A，B，C

17. 晶体管放大电路的基本接法有_____。
    A. 共发射极　　　　B. 共基极　　　　　C. 共集电极　　　　D. 共控制极
    答案：A，B，C

18. 晶体管放大器的主要技术指标有_____。
    A. 放大倍数　　　　B. 电源电压　　　　C. 输入输出阻抗　　D. 频率响应
    答案：A，C，D

四、判断题

1. 利用集成运放进行比例运算的基本电路中,输入电流与输出电流成比例关系。
   答案:正确

2. 电阻电路中,不论串联还是并联,电阻上消耗的功率总和等于电源输出的功率。
   答案:正确

3. 仪表电源电压降及回路电压降一般不应超过额定电压值的25%。
   答案:正确

4. 在电阻(R)、电感(L)、电容(C)串联电路中,已知$R=3\Omega$,$X_L=5\Omega$,$X_C=8\Omega$,则电路的性质为容性。
   答案:正确

5. 在电阻(R)、电感(L)、电容(C)串联电路中,已知$R=3\Omega$,$X_L=8\Omega$,$X_C=5\Omega$,则电路的性质为容性。
   答案:错误

6. 在串联电路中,各个电器消耗的电功率与其电阻值成正比。
   答案:正确

7. 在电阻(R)、电感(L)、电容(C)串联电路中,已知$R=3\Omega$,$X_L=8\Omega$,$X_C=8\Omega$,则电路的性质为阻性。
   答案:正确

8. 测试电压时,一定要把电压表串联在回路中;测试电流时,一定要把电流表并联在电路中。
   答案:错误

9. 在电阻(R)、电感(L)、电容(C)串联电路中,已知$R=3\Omega$,$X_L=8\Omega$,$X_C=5\Omega$,则电路的性质为感性。
   答案:正确

10. 测试电压时,一定要把电压表并联在回路中;测试电流时,一定要把电流表串联在电路中。
    答案:正确

11. 电阻R_1与R_2($R_1>R_2$)并联时,则$P_1>P_2$。
    答案:错误

12. 电阻和电容组成的并联电路,若流过电阻的电流为10A,流过电容的电流为10A,那么电路的总电流为10A。
    答案:正确

13. 三相负载越接近对称,中线电流就越小。
    答案:正确

14. 在三相交流对称电路中,当采用星形接线时,线电流等于相电流。
    答案:正确

15. 在同一供电系统中,三相负载接成Y形和接成△形所吸收的功率是相等的。
    答案:错误

16. 在三相对称负载电路中,虽然每相负载的电流都是相等的,其方向都是从始端流向末端,但是三者之间存在120°的相位差,因此中线电流应是三个相电流的矢量和。
    答案:错误

17. 在三相对称负载电路中，流过每相负载的电流为 $I_相=1A$，加在每相负载上的电压为 $U_相=220V$，每相负载的功率因数为 $\cos\phi=0.5$，如果三相对称负载连接成星形，那么总有功功率为 330W。

   答案：正确

18. 将三相对称负载连接成三角形时，它的相电压等于线电压。

   答案：正确

19. 在三相对称负载电路中，流过每相负载的电流为 $I_相=1A$，加在每相负载上的电压为 $U_相=220V$，每相负载的功率因数为 $\cos\phi=0.5$，如果三相对称负载连接成三角形，那么总有功功率为 330W。

   答案：错误

20. 将电涡流传感器配以适当的测量电路，可得到电流与电压之间的转化特性。

   答案：错误

21. 电涡流传感器测得的到被测体表面的间距和电压之间的实际曲线转换特性在中间段成线性关系。

   答案：正确

22. 将电涡流传感器配以适当的测量电路，可得到位移与电压之间的转化特性。

   答案：正确

23. 5m 规格的 3300 传感器系统要求从探头端部到前置器距离 5m。

   答案：正确

24. 电流互感器二次侧电路不能断开，铁芯和二次绕组均应接地。

   答案：正确

25. 交流电路测量和自动保护中，使用电流互感器的目的是既可扩大量程，又可降低测量设备及保护设备的绝缘等级。

   答案：正确

26. 使用电流互感器和电压互感器时，其二次绕组应分别并联、串联接入被测电路之中。

   答案：错误

27. 电压互感器二次绕组不允许开路，电流互感器二次绕组不允许短路。

   答案：错误

28. 带电换表时，若接有电压、电流互感器，则应分别短路、开路。

   答案：错误

29. 双稳态电路的输出状态总是与其中一个输入的状态相对应。

   答案：错误

30. 双稳态电路有两个稳定状态。

   答案：正确

31. 利用降压变压器将发电机端电压降低，可以减少输电线路上的能量损耗。

   答案：错误

32. 带电换表时，若接有电压、电流互感器，则应分别开路、短路。

   答案：正确

33. 利用硅钢片制成铁芯，只是为了减小磁阻，而与涡流损耗和磁滞损耗无关。

   答案：错误

34. 在保证变压器额定电压和额定电流下，功率因数愈高，电源能够输出的有功功率就愈小，而无功功率就愈大。

答案：错误

35. 变压器工作时，初、次级线圈中有电流，而且初级电流随着次级电流的变化而变化；当匝数比一定时，次级电流越大则初级电流越小。
    答案：错误
36. 变压器工作时，初、次级线圈中有电流，而且初级电流随着次级电流的变化而变化；当匝数比一定时，次级电流越大则初级电流也越大。
    答案：正确
37. 某个单相变压器的容量是12kW，电压为3300V/220V，使变压器在额定状态下运行，在次级上可以接有60W/220V的白炽灯共计200盏。
    答案：正确
38. 磁铁中，磁性最强的部位在两极。
    答案：正确
39. 磁场强度的大小与介质的磁导率有关。
    答案：错误
40. 磁场强度的大小与介质的磁导率无关。
    答案：正确
41. 变压器的额定容量表示变压器允许传递的最大功率，一般用有功功率表示。
    答案：错误
42. 单相变压器的额定容量是初级的额定电压与额定电流的乘积。
    答案：错误
43. 三相异步电动机的"异步"是指转子转速始终大于磁场转速。
    答案：错误
44. 变压器的额定容量表示变压器允许传递的最大功率，一般用视在功率表示。
    答案：正确
45. 在三相笼型异步电动机定子绕组上通入三相交流电，能产生一个旋转磁场，旋转磁场的旋转方向和电源的相序一致。
    答案：正确
46. 在电动机的输出功率相同情况下，如果磁极对数越多，电动机的转速越低，但转矩越大。
    答案：正确
47. 三相笼型异步电动机的定子绕组如果有任意两根相线对调，就可以实现电动机的反转。
    答案：错误
48. 三相笼型异步电动机的磁极对数为3，转差率为5%，已知电源频率为60Hz，那么此电动机的转速是50r/min。
    答案：错误
49. 三相笼型异步电动机在结构上主要是由定子和转子组成的，定子绕组是电动机的电路部分，定子铁芯是电动机的磁路部分。
    答案：正确
50. 三相笼型异步电动机在结构上主要是由定子和转子组成的，定子是电动机的静止不动部分，它的作用是产生旋转磁场。
    答案：错误
51. 要使三相笼型异步电动机的转子转动，其先决条件是要有一个旋转磁场。
    答案：正确

52. 集成运放均有一定的带载能力，可以直接与负载连接。
    答案：错误
53. 在下限频率与上限频率之间的频率范围，通常称为放大器的通频带。
    答案：正确
54. 三相笼型异步电动机在结构上主要是由定子和转子组成的，定子是电动机的静止不动部分，它的作用是输入功率带动转子转动。
    答案：正确
55. 输入电阻是衡量放大器对输入信号衰减程度的重要指标，输入电阻越大，则对输入信号的衰减程度越小。
    答案：正确
56. 输出电阻是用来衡量放大器带负载能力强弱的重要标志，输出电阻越小，则放大器带负载能力越小。
    答案：错误
57. 放大器的频率特性可用相频特性和幅频特性全面表征。
    答案：正确
58. 多级放大器的级间耦合方式通常有变压器耦合、RC 耦合和直接耦合三种。
    答案：正确
59. 理想运算放大器当输入信号为零时，输出信号不为零。
    答案：错误
60. 理想运算放大器的两个重要条件是虚短和虚断。
    答案：正确
61. 调制式直流放大器中的调制级常采用的形式有场效应管调制、晶体管调制和振动变流器调制。
    答案：正确
62. JF-12 型晶体管放大器的调制级采用振动变流器进行调制。它的作用是把直流信号变成交流信号。
    答案：正确
63. 在利用集成运放进行积分运算的基本电路中，电容两端建立的电压是流过它的电流的积分。
    答案：正确
64. 在利用集成运放进行微分运算的基本电路中，电容两端建立的电压是流过它的电流的积分。
    答案：错误
65. 正弦波振荡器的自激振荡，必须满足振幅平衡条件和相位平衡条件。
    答案：正确
66. 集成运放是具有高放大倍数的直接耦合放大电路。
    答案：正确
67. 集成运放中的三极管均为 PNP 型。
    答案：错误
68. 将三相对称负载连接成星形时，每相负载的电流都是相等的，其方向都是从始端流向末端，所以中线电流应为 $I_{中} = 3I_{相}$。
    答案：错误

69. 离心式压缩机转子是离心式压缩机关键部件，它转速很高，对压力做功。
    答案：错误
70. 离心式压缩机转子是离心式压缩机关键部件，它转速很高，对气体做功。
    答案：正确
71. 压缩机油系统主要功能是向机组提供润滑油、密封油、液压油等各种规格的油压的辅助装置。
    答案：正确
72. 离心式压缩机主要技术参数有气体流量、进出口压力、进出口温度、转速和功率。
    答案：正确
73. 对2×2过程，相对增益矩阵中每行和每列上的两个相对增益之和为1。因此只需求出其中的一个，其他三个便可得到。只要其中一个在0和1之间，其他三个一定在0.5和1之间。
    答案：错误
74. 对2×2过程，相对增益矩阵中每行和每列上的两个相对增益之和为1。因此只需求出其中的一个，其他三个便可得到。只要其中一个在0和1之外，其他三个也一定在0和1之外。
    答案：正确
75. 对2×2过程，若一对相对增益为1，则另一对一定为0。这时将存在静态关联。
    答案：错误
76. 对2×2过程，若一对相对增益在0.5至1之间，则另一对一定在0至0.5之间，这时存在静态关联。
    答案：正确
77. 对2×2过程，当四个相对增益均在0和1之间时，称为负关联。
    答案：错误
78. 对2×2过程，当一对相对增益大于1，另一对必然小于1（为负值）时，称之为负关联。
    答案：正确
79. 对2×2过程，一定要避免相对增益为负值的那一对被控变量和操纵变量配对，否则系统将不稳定。
    答案：正确
80. 表决（voting）指余度系统中用多数原则将每个支路的数据进行比较和修正，从而最后确定的一种机理。
    答案：正确
81. 二选一表决逻辑1oo2方式，是指在正常状态下，A、B状态为1，只要A、B两个信号发生故障为0时，表决器命令执行器执行相应动作。
    答案：错误
82. 二选二表决逻辑2oo2方式，是指在正常状态下，A、B状态为1，B信号同时发生故障为0时，表决器命令执行器执行相应动作。
    答案：正确
83. 二选一表决逻辑1oo2方式，是指在正常状态下，A、B状态为1，A、B任一信号发生故障为0时，表决器命令执行器执行相应动作。
    答案：正确
84. 三选一表决逻辑1oo3方式，是指在正常状态下，A、B、C状态为1，A、B、C任一信号发生故障为0时，表决器命令执行器执行相应动作。
    答案：正确

85. 三选二表决逻辑 2oo3 方式，是指在正常状态下，A、B、C 状态为 1，只要 A、B、C 任两个组合信号同时发生故障为 0 时，表决器命令执行器执行相应的联锁动作。

    答案：正确

86. 随转速的升高，对于不平衡故障是振幅增大得太慢。

    答案：错误

87. 旋转机械喘振故障表征是压缩机出口管道气流发出的噪声时高时低，产生周期性变化，当进入喘振工况点时，噪声剧增，且发生周期性大幅度脉动，严重时甚至可能出现气体从压缩机进口被倒推出来，同时会发生强烈振动。

    答案：正确

88. 表征旋转机械状态的监测参数有振幅、频率、相角、转速和振动形式。

    答案：正确

89. 振幅是表示机器振动剧烈程度的一个重要参数，振幅一般用峰-峰（mil，1mil＝0.0254mm）或峰-峰（μm，位移值）表示。

    答案：正确

90. 要使用同一轴线上的两根轴做暂时的连接和分开时（如开动、变向等），应使用离合器。

    答案：正确

91. 由于不平衡所引起的振动，其最重要的特点是发生与旋转同步的基频振动。

    答案：正确

92. 自激振动的最基本特点在于振动频率为相关振动体的固有频率。

    答案：错误

93. 自激振动的最基本特点在于振动频率为旋转基频的高次谐波。

    答案：正确

94. 由于不平衡所引起的振动，其最重要的特点是发生与旋转同步的固有频率振动。

    答案：错误

95. 脉冲信号电路是一种多谐振荡电路。

    答案：正确

五、简答题

1. 电流源的外部输出电路能否长期开路？为什么？将会造成什么后果？

    答案：电流源的外部输出电路不能长期开路，因为电流源的输出端开路，输出端口的电压会升得很高，时间长了损坏电流源输出回路的晶体管元件，所以使用中的电流源不允许长期开路。

2. 仪表电源可分为哪两类？各适用于何种负荷？

    答案：仪表电源可分为保安电源和工作电源两类。保安电源采用静止型不间断供电装置；工作电源采用自动切换、互为备用的两路独立电源。保安电源用于保安负荷供电，保安负荷包括：中断供电时，为保证安全停车停机的自动控制装置和联锁系统；聚合反应用化塔器的温度和物料投放监控仪表；必要的报警系统等。

3. 如何调整伺服放大器的不灵敏区？

    答案：常用的方法是通过调节负反馈深度来改变放大器的放大倍数，以调整放大器的不灵敏区。首先，调节磁放大器中的调稳电位器 W_2。当执行器产生振荡时，应增大不灵敏区。如仍不能消除振荡，则可以减小反馈回路的电阻，以加大负反馈的深度；或者减小偏移电阻，以增大偏移电流，加深磁放大器铁芯的饱和状态；还可以调整磁放大器输出端的电阻，以降低输入触发器的有效电压值。

4. 电机开停控制是最常用的一种逻辑控制，图 3-1、图 3-2 是两种电机开停控制梯形图。图中：A—启动按钮的输入信号；B—停止按钮的输入信号；C—输出继电器线圈，它可以是电动机的磁力启动器的线圈或中间继电器的线圈；C_1—输出继电器 C 的自保接点。请说明图 3-1、图 3-2 的区别，并列出其逻辑表达式。

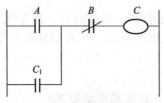

图 3-1 电机开停控制梯形图 1

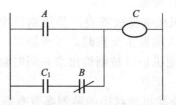

图 3-2 电机开停控制梯形图 2

答案：图 3-1 是停止优先的电机控制梯形图，当操作人员误把启动按钮和停止按钮同时按下时，电动机将停止运转。图 3-2 是启动优先的电机控制梯形图，当同时按下启动和停止按钮时，电动机将开始运转。逻辑表达式如下：停止优先时，$C=(A+C_1)\overline{B}$；启动优先时，$C=A+C_1\overline{B}$。

5. A、B、C 为逻辑输入信号，L 为逻辑输出信号，在以下四个条件之一被满足时，输出 L 为 ON：①A、B 均为 ON；②A 为 OFF，C 为 ON；③B 为 OFF，C 为 ON。试采用正逻辑（ON 为高电位，OFF 为低电位）用最少的逻辑功能块（AND、OR、NOT）设计出其逻辑图。

答案：$L=AB+\overline{A}C+\overline{B}C=AB+C(\overline{A}+\overline{B})$，利用反演律和吸收律可知化简结果为：$AB+C$，设计的逻辑图如图 3-3 所示。

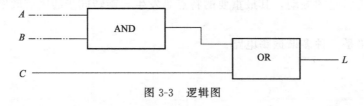

图 3-3 逻辑图

6. 试述可编程控制器的输入继电器、输出继电器的作用。

答案：输入继电器是 PLC 接收来自外部开关信号的"窗口"。输入继电器与 PLC 的输入端子相连，并具有许多常开和常闭触点，供编程时使用。输入继电器只能由外部信号驱动，不能被程序指令驱动。输出继电器是 PLC 用来传递信号到外部负载的器件。输出继电器有一个外部输出的常开触点，是由程序执行结果驱动的，内部有许多常开、常闭触点供编程中使用。

7. 图 3-4 所示为 OMRON 系列 PLC 的一段梯形图，请写出它的语句表。

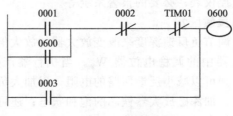

图 3-4 梯形图

答案：OMRON 系列 PLC 的语句表如下：

0000 LD 0001
0001 OR 0600
0002 AND-NOT 0002
0003 AND-NOT TIM01
0004 LD 0003
0005 OR LD
0006 OUT 0600
0007 END

8. 什么是可编程控制器的指令表程序表达方式？并说明如下指令的功能：**LD，AND-NOT，OUT，OR-LD**。

答案：指令就是采用功能名称的英文缩写字母作为助记符来表达 PLC 各种功能的操作命令，由指令构成的能完成控制任务的指令组就是指令表。LD：动合触点与线连接指令；AND-NOT：串联常闭触点指令；OUT：线圈输出指令；OR-LD：程序块并联连接指令。

第四模块　过程检测仪表知识

一、填空题

1. 用压力表测量稳定压力时,靠近_____的液体流速最高,管壁处的流速为零。
   答案：管道中心
2. 一台量程为100kPa的压力表,在标准压力为50kPa时,指示为50.5kPa,其绝对误差为0.5kPa,相对误差为1%,引用误差为_____。
   答案：0.5%
3. 压力表的检定周期是半年,标准压力表检定周期是_____,并且是强检。
   答案：一年
4. 压电式压力传感器是根据_____原理把被测压力转换为电信号的传感器。
   答案：压电效应
5. 压阻式压力传感器是根据半导体材料(单晶硅)的_____原理制成的传感器。
   答案：压阻效应
6. 应变式压力传感器是一种通过测量各种_____来间接测量压力的传感器。
   答案：弹性元件的应变
7. 电容式压力传感器是采用_____,用弹性元件的变形改变可变电容的电容量,用测量电容的方法测出电容量,把电容量转换成压力大小的传感器。
   答案：变电容原理
8. 谐振式压力传感器原理是靠被测压力所形成的_____的谐振频率,经过适当的电路输出频率信号,此频率信号可反映被测压力。
   答案：应力改变弹性元件
9. 当某些晶体某一个方向受压或机械变形(压缩或拉伸)时,在其相对表面上会产生异种电荷,当外力去掉后,它又重新回到不带电荷的状态,此现象称为_____。
   答案：压电效应
10. 当固体受到作用力后,其电阻率会发生变化,也就是说当硅应变元件受到压力作用时,硅应变元件的电阻发生变化,从而使输出电压发生变化,此现象称为_____。
    答案：压阻效应
11. 一台压力表指示值为150kPa(表压),当地大气压为100kPa,若用一台绝压表去测量该压力,则指示值是_____。
    答案：250kPa
12. 差压式流量计是基于流体流动的节流原理,为使流量系数趋向恒值,流体的雷诺数应_____临界雷诺数。
    答案：大于
13. 涡街流量计利用旋涡发生体产生的_____和流速成正比的原理求得体积流量。
    答案：卡门旋涡频率

14. 涡街流量计利用旋涡发生体产生的卡门旋涡频率和_____成正比的原理求得体积流量。
    答案：流速
15. 电磁流量传感器是基于_____定律而制成的，只是其中切割磁力线的导体不是一般的金属，而是具有导电性的液体或液固两相流体。
    答案：法拉第电磁感应
16. 超声波一般指高于_____以上频段的弹性振动。
    答案：20kHz
17. 用孔板流量计测量蒸汽设计流量时，蒸汽密度为 $4.0kg/m^3$，而实际工作时的密度为 $3.0kg/m^3$，则实际指示流量是设计流量的_____倍。
    答案：0.866
18. 用孔板流量计测量气氨体积流量时，设计压力是 0.2MPa（表压），温度为 20℃，而实际压力 0.15MPa（表压），温度为 30℃，则实际指示流量是设计流量的_____倍。
    答案：0.897
19. 转子流量计中转子上下的压差由_____决定。
    答案：转子的重量
20. 差压式流量计中节流装置输出压差与被测流量的关系为压差与_____成正比。
    答案：流量的平方
21. 用孔板流量计测量流量时，为了数据准确，一般应保证流量大于_____。
    答案：30％
22. 用孔板配差压变送器测量流量时，一般最小流量应大于_____。
    答案：30％
23. 用孔板测量气体流量，若实际工作压力小于设计值，这时的仪表指示值将_____实际值。
    答案：大于
24. 椭圆齿轮流量计是一种容积式流量计，特别适用于_____的流量测量，但对含固体颗粒流体介质不适用。
    答案：黏度较大
25. 椭圆齿轮流量计是一种容积式流量计，特别适用于黏度较大的流量测量，但对_____流体介质不适用。
    答案：含固体颗粒
26. 电磁流量计不适合测量_____介质流量。
    答案：气体
27. 差压式流量计在满量程的_____以下一般不宜使用。
    答案：30％
28. 转子流量计指示值修正的原因是，转子流量计是一种_____仪表，须按不同的被测介质进行刻度换算。
    答案：现场安装
29. 转子流量计在实际测量气体流量时要进行修正计算。除了被测介质气体密度与空气不同时须进行刻度换算外，当气体介质的工作_____变化时，也须进行刻度换算。
    答案：压力和温度
30. 带防腐蚀的电磁流量计可以在压力为_____范围内使用。
    答案：0～1.6MPa

31. 电磁流量计适合于测量_____等导电性流体的流量。
    答案：酸碱盐溶液
32. 差压式流量测量系统中，负压阀漏将会造成_____。
    答案：流量指示变大
33. 已知柴油的流量计最大量程为 $Q=500t/h$，则它的体积流量最大是_____ m^3/h。（柴油密度为 $\rho=857.0943kg/m^3$）
    答案：583.43
34. 雷达液位计的微波发射频率由雷达发生器决定，一般为_____GHz。
    答案：5～10
35. 根据雷达液位计的工作情况，雷达液位计可以在_____情况下工作。
    答案：真空和受压
36. 超声波物位计不能测量高温介质物位，可检测_____、_____介质和有毒介质的物位。
    答案：腐蚀，高黏度
37. 外浮筒式液位计有_____、_____、顶侧式、底侧式四种安装方式。
    答案：顶底式，侧侧式
38. 热电势的大小与组成热电偶的材料及_____有关。
    答案：两端温度
39. 在热电偶测温回路中，只要显示仪表和连接导线两端温度相同，_____不会因它们的接入而改变，这是根据中间温度定律而得出的结论。
    答案：热电偶总电势值
40. 热电偶产生热电势的条件是_____和两接点温度相异。
    答案：两热电极材料相异
41. 热电偶产生热电势的条件是两热电极材料相异和_____。
    答案：两接点温度相异
42. 100℃时，分度号 K 的热电势为_____mV。
    答案：4.095
43. EJA 在使用中，EJA120A 表示差压变送器；EJA430A 表示_____；EJA220A 表示液位变送器。
    答案：压力变送器
44. 3095MV 多参数流量变送器可测量温度、_____等参数，并经运算输出一个与流量成正比的电流信号。
    答案：压力和压差
45. 3095 智能式变送器设有修正影响流量的_____电路。
    答案：温度和压力补偿
46. 用孔板测量某种气体的流量，假设该气体的温度、压力接近理想气体，那么在孔板设计中，压缩系数_____。
    答案：$K=1$
47. 为了保证压力表的连接处严密不漏，安装时，应根据被测压力的特点和介质性质加装适当的密封垫片。测氧气压力时，不得使用_____垫片；测量乙炔压力时，不得使用铜垫片。
    答案：浸油和有机化合物

48. 在压力表的型号表示中，第一个字母 Y 表示压力表，Z 表示真空表，YZ 表示_____，其后数字表示外壳直径，YZ-100 的 100 指的是表壳直径为 100mm。

    答案：压力真空表

49. 不对中故障是旋转机械在旋转状态下，由于不同缸体间的_____变化引起的不对中。

    答案：相对位置

50. 油膜涡动及油膜振荡常称为油膜波动，_____是动压轴承中油膜失稳造成的。

    答案：油膜波动故障

51. _____是由于压缩机在旋转过程中，气体介质流量的减少或其他条件的改变。根据气体动力学原理，会在叶轮径向方向产生涡流团，引起压力波动，激起转子振动。

    答案：气体介质涡动故障

52. 表征旋转机械状态的监测参数有_____、转速和振动形式。

    答案：振幅、频率、相角

53. 下列转轴组件的典型故障中，其相位与旋转标记不同步的是_____。

    答案：自激振动

54. 活塞式压缩机采用多级压缩主要是为了_____。

    答案：提高压力

55. 往复压缩机汽油润滑不宜采用_____。

    答案：浸油润滑

56. 离心式压缩机转子是离心式压缩机的关键部件，它转速很高，对_____做功。

    答案：气体

二、单选题

1. 用孔板流量计测量气氨体积流量，设计压力是 0.2MPa（表压），温度为 20℃；而实际压力是 0.15MPa（表压），温度为 30℃，则实际指示流量是设计流量的_____倍。

    A. 0.897   B. 0.928   C. 1.078   D. 1.115

    答案：A

2. 在孔板、喷嘴和文丘里管三种节流装置中，当压差相同时，则三者的压力损失_____。

    A. 孔板最大   B. 文丘里管最大   C. 喷嘴最大   D. 一样

    答案：A

3. 在化工、炼油生产中，电磁流量计可以用来测量_____。

    A. 气体   B. 蒸汽   C. 液体   D. 导电性液体

    答案：D

4. 转子流量计中转子上下的压差由_____决定。

    A. 流体的流速   B. 流体的压力   C. 转子的重量   D. 液体的温度

    答案：C

5. 转子流量计在实际测量气体流量时要进行修正计算，除了被测介质气体密度与空气不同时须进行刻度换算外，当气体介质的工作_____变化时，也须进行刻度换算。

    A. 体积和质量   B. 物理化学性质
    C. 分子结构   D. 压力和温度

    答案：D

6. 用孔板测量某种气体的流量，假设该气体的温度、压力接近理想气体，那么在孔板设计中，压缩系数_____。

A. $K=1$ B. $K \neq 1$ C. $K>1$ D. $K<1$
答案：A

7. 转子流量计中的流体流动方向是_____。
   A. 自上而下   B. 自下而上   C. 水平流动   D. 都可以
   答案：B

8. 转子流量计在实际测量液体流量时，下面给出的公式中属于体积流量的修正公式的是_____。
   A. $Q=KQ_1$ B. $Q=Q_1/K$ C. $M=KM_1$ D. $M=M_1/K$
   答案：A

9. 电磁流量计测量管道未充满，其指示将会_____。
   A. 不变   B. 波动   C. 偏高   D. 偏低
   答案：B

10. 孔板流量计测量流量时，为了数据准确，一般应保证流量大于_____%。
   A. 10   B. 20   C. 30   D. 40
   答案：C

11. 用孔板流量计测量蒸汽流量，设计时蒸汽密度为 4.0kg/m^3，而实际工作时的密度为 3.0kg/m^3，则实际指示流量是设计流量的_____倍。
   A. 0.896   B. 0.866   C. 1.155   D. 1.100
   答案：B

12. 用孔板测量气体流量，若实际工作压力小于设计值，这时的仪表指示值将_____。
   A. 小于实际值   B. 大于实际值   C. 等于实际值   D. 等于零
   答案：B

13. 电磁流量计显示跳动的可能原因是_____。
   A. 仪表的组态量程与二次仪表的量程不符
   B. 电磁干扰严重，没有使用屏蔽信号线，屏蔽线没有良好接地
   C. 测量管内没有充满被测介质，即有夹气
   D. 传感器上游流动状况不符合要求
   答案：C

14. 涡街流量计管道有流量，但没有显示的可能原因是_____。
   A. 液晶驱动电路初始化工作未充分完成
   B. 流量过低，没有进入流量计的测量范围
   C. 流量计安装不同心，流体未充满管道流体中，有空气管道振动
   D. 显示故障
   答案：B

15. 超声波流量计实际没有流量，而仪表显示乱跳的可能原因是_____。
   A. 测量管内没有充满被测介质
   B. 量程使用，仪表参数设定不对，没有满管清零；管道内有气泡
   C. 仪表的组态量程与二次仪表的量程不符
   D. 管内有气泡
   答案：A

16. 一带温压补偿的流量测量系统，当压力降低测量值不变时，节流装置的压差_____。
   A. 不变   B. 变大   C. 变小   D. 不一定

答案：B

17. 差压式流量计三阀组正压阀堵死，负压阀畅通时，仪表指示值_____。
    A. 偏低　　　　　B. 偏高　　　　　C. 在零下　　　　D. 不动
    答案：C

18. 测温元件在有强腐蚀介质的设备上安装时，应选用_____方式进行固定。
    A. 螺纹　　　　　B. 法兰　　　　　C. 对焊　　　　　D. 金属胶密封
    答案：B

19. 控制方案是温度控制回路，其测量热电偶应选用_____热电偶。
    A. 单支　　　　　B. 双支　　　　　C. 铠装单支　　　D. 根据情况而定
    答案：B

20. 测量范围在1000℃左右时，最适宜选用的温度计是_____。
    A. 光学高温计　　　　　　　　　　B. 铂铑$_{10}$-铂热电偶
    C. 镍铬-镍硅热电偶　　　　　　　 D. 铂铑$_{30}$-铂热电偶
    答案：B

21. 热电偶的校验装置内的冷端恒温经常是0℃，根据实际经验，保证是0℃的方法是选用_____方式。
    A. 干冰冷却　　　B. 碘化银冷却　　C. 冰水混合物　　D. 氮气冷却
    答案：C

22. 一铠装热电偶丝测量一蒸汽管道温度，其值总保持在100℃左右，原因最可能的是_____。
    A. 热电偶套管内有水　　　　　　　B. 热电偶套管内有砂眼
    C. 热电偶丝断　　　　　　　　　　D. 保护管内有金属屑、灰尘
    答案：A

23. 引起显示仪表指示比实际值低或示值不稳原因是_____。
    A. 保护套管内有金属屑、灰尘，接线柱之间有积灰，热电阻短路
    B. 热电阻断路，引出线断路
    C. 显示仪表与热电阻接线接错
    D. 热电阻端子接线处接触不良
    答案：A

24. 液-液相界面不能选择_____进行测量。
    A. 浮球法　　　　B. 浮筒法　　　　C. 差压法　　　　D. 辐射法
    答案：D

25. 用压力法测量开口容器液位时，液位的高低取决于_____。
    A. 取压点位置和容器横截面　　　　B. 取压点位置和介质密度
    C. 介质密度和容器横截面　　　　　D. 取压点位置
    答案：B

26. 用差压法测量容器液位时，液位的高低取决于_____。
    A. 容器上、下两点的压力差和容器截面　　B. 压力差、容器截面和介质密度
    C. 压力差、介质密度和取压点位置　　　　D. 容器截面和介质密度
    答案：C

27. 浮子钢带液位计出现液位变化但指针不动故障，下面的原因错误的是_____。
    A. 链轮与显示部分轴松动　　　　　B. 显示部分齿轮磨损

C. 导向钢丝与浮子有摩擦 D. 活动部分冻住
答案：C

28. 粉末状固体颗粒的液位测量不可以用_____测量。
A. 电容式料位计 B. 超声波料位计
C. 投入式液位计 D. 阻旋式料位计
答案：C

29. 一台安装在设备内最低液位下方的压力式液位变送器，为了测量准确，压力变送器必须采用_____。
A. 正迁移 B. 负迁移 C. 无迁移 D. 不确定
答案：A

30. 扭力管式浮筒液位计测量液位时，液位越高，则扭力管产生的扭角_____。
A. 越大 B. 越小 C. 不变 D. 不确定
答案：B

31. 用一浮筒液位计测量密度比水轻的介质液位，用水校法校验该浮筒液位计的量程点时，充水高度比浮筒长度_____。
A. 高 B. 低 C. 相等 D. 不确定
答案：B

32. 科氏力质量流量计不包括_____部分。
A. 激励线圈 B. 传感器 C. 变送器 D. 显示器
答案：A

33. 关于电磁流量计，下列说法不正确的是_____。
A. 测量管必须保证满管
B. 电磁流量计可单独接地，也可连接在公用地线上
C. 检测部分或转换部分必须使用同一相电源
D. 检测部分上游侧应有不小于 $5D$ 的直管段
答案：B

34. 当需测_____流体流量时，可选用椭圆齿轮流量计。
A. 高黏度 B. 大管道内
C. 带固体微粒 D. 低黏度
答案：A

35. 某涡轮流量计和某涡街流量计均用常温下的水进行过标定，当用它们来测量液氨的体积流量时，_____。
A. 均需进行黏度和密度的修正
B. 涡轮流量计需要进行黏度和密度的修正，涡街流量计不需要
C. 涡街流量计需要进行黏度和密度的修正，涡轮流量计不需要
D. 都不需要
答案：B

36. 智能记录仪表的记录头的位置由_____驱动。
A. 微处理器 B. 伺服电动机 C. 步进电动机 D. 同步电动机
答案：A

37. 测量燃料油流量，选用_____流量计最为合适。
A. 孔板差压式 B. 椭圆齿轮式

C. 电磁式　　　　　　　　　　　D. 旋涡式
答案：B

38. 已知一椭圆齿轮流量计的齿轮转速为 30r/min，计量室容积为 75cm³，则其所测流量为_____ m³/h。
    A. 0.135　　　B. 9　　　C. 540　　　D. 0.54
    答案：D

39. 无纸记录仪可用来记录_____类型的输入信号。
    A. 直流电压和电流信号　　　　　B. 各种分度号的热电偶信号
    C. 各种分度号的热电阻信号　　　D. 以上三种
    答案：D

40. 数字式显示仪表的核心环节是_____。
    A. 前置放大器　　B. A/D 转换器　　C. 非线性补偿　　D. 标度变换
    答案：B

41. 电子电位差计是根据_____补偿原理来测定热工参量的。
    A. 电压　　　B. 电流　　　C. 电阻　　　D. 电感
    答案：A

42. 智能数字显示仪表可以有_____种输入信号。
    A. 1　　　B. 2　　　C. 3　　　D. 多
    答案：D

43. 智能数字显示仪表除了具有模拟显示仪表的趋势记录以外，还具有_____等功能。
    A. 表格式记录　　　　　　　　B. 分区记录
    C. 放大/缩小记录　　　　　　　D. 以上都是
    答案：D

44. 智能记录仪表的记录纸由_____驱动。
    A. 同步电动机　　　　　　　　B. 伺服电动机
    C. 步进电动机　　　　　　　　D. 微处理器
    答案：C

45. EJA 压力变送器表头显示 "Er. 03" 为_____，"Er. 08" 为_____。
    A. 膜盒故障　　　　　　　　　B. 放大板故障
    C. 输出超过膜盒测量量程极限　D. 显示值超过测量量程下限
    E. 量程在设定范围内
    答案：C，D

46. EJA 压力变送器表头显示 "Er. 11" 为_____，"Er. 12" 为_____。
    A. 膜盒故障　　　　　　　　　B. 放大板故障
    C. 输出超过膜盒测量量程极限　D. 量程在设定范围内
    E. 零点调校值过大
    答案：D，E

47. EJA 压力变送器表头显示 "Er. 01" 为_____，"Er. 02" 为_____。
    A. 膜盒故障　　　　　　　　　B. 放大板故障
    C. 输出超过膜盒测量量程极限　D. 显示值超过测量量程下限
    E. 量程在设定范围内
    答案：A，B

三、多选题

1. 电磁流量计可采用_____励磁方式产生磁场。
A. 直流电 B. 交流电 C. 永久磁铁 D. 直流电压 E. 交流电压
答案：A，B，C

2. 外夹式超声波流量计在测量前，为了计算管道流通截面积，需要设置_____。
A. 管道外径 B. 管道厚度 C. 衬里厚度 D. 管道材质 E. 衬里材质
答案：A，B，C

3. 引起电磁流量计测量流量与实际流量不符的故障原因是_____。
A. 流量计传感器设定值不正确
B. 流量计传感器安装位置不妥，未满管或液体中含有气泡
C. 流量计传感器上游流动状况不符合要求
D. 传感器极间电阻变化或电极绝缘下降
E. 传感器内壁结垢严重
答案：A，B，D，E

4. 电磁流量计在工作时，发现信号越来越小或突然下降，原因可能是_____。
A. 导管内壁可能沉积污垢
B. 导管衬里可能被破坏
C. 插座可能被腐蚀
D. 极间的绝缘变坏
E. 极间接触不良
答案：A，B，C

5. 转子流量计指示波动的可能原因是_____。
A. 管道有堵塞
B. 流体流动不畅
C. 流体压力波动
D. 有采取稳流措施
E. 流体波动
答案：A，B

6. 用热电阻测量温度时，显示仪表指示值低于实际值或指示不稳的原因可能是_____。
A. 保护管内有金属屑、灰尘
B. 接线柱间积灰
C. 热电阻短路
D. 热电阻断路
E. 电阻丝烧断
答案：A，C

7. 热电阻常见故障有_____。
A. 热电阻断路
B. 热电阻短路
C. 电阻丝烧断
D. 电阻丝碰保护套管
E. 接线柱间积灰
答案：A，B，C，D

8. 一台 ST3000 智能变送器通电后输出值不随输入压力信号变化而变化，此故障原因是_____。
A. 仪表内部程序死机（将仪表断电再通电，使仪表复位）
B. 仪表输出处于恒流源状态（按 OUTPUT 键-CLR 键）
C. 仪表输入处于恒流源状态（按 SHIFT-OUTPUT 键-CLR 键）
D. 变送器硬件有故障（维修或更换硬件）
E. 不能确定

答案：A，B，C，D

9. 数字式仪表的所谓"采样"表述，下面正确的是_____。
   A. 把连续时间的波形 $X(t)$ 在一些特定时刻上的值来代替
   B. 把连续时间的波形 $X(t)$ 在一系列时刻上的值来代替
   C. 对一个连续时间的波形 $X(t)$ 在时间上进行等距分割
   D. 对一个连续时间的波形 $X(t)$ 在时间上进行"离散化"
   答案：B，D

10. 数字式仪表量化的具体方法很多，从原理上说可以概括为两类：_____。
    A. 一类是对数值进行量化   B. 一类是对数值量纲进行量化
    C. 一类是对时间进行量化   D. 一类是对变化速度进行量化
    答案：A，C

11. 非线性补偿和标度变换的任务是：对从检测元件来的信息进行一些必要的计算，使数字显示仪表能以被测参数的_____表达出来。
    A. 真实数值   B. 直接数字   C. 量纲   D. 最小单位
    答案：B，C

12. 数字式仪表的逐次比较型模-数转换器的特点是_____。
    A. 测量精度高   B. 测量速度高   C. 时间常数大   D. 稳定性好
    答案：A，B，D

13. 数字式仪表的电压-频率型模-频数转换器由积分器和_____等部分组成。
    A. 被测量转换器 B. 电平检出器   C. 间歇振荡器   D. 标准脉冲发生器
    答案：B，C，D

14. 流量计的流量标定装置种类，按标定方法分有_____。
    A. 容积法   B. 称量（重）法
    C. 标准流量计对比法   D. 标准调节阀控制法
    答案：A，B，C

15. 流量计的流量标定装置种类，按标定介质分有液体流量标定装置，其中又分为_____。
    A. 静态容积法   B. 静态控制法   C. 动态容积法   D. 动态控制法
    答案：A，C

16. 静态容积法水流量标定装置主要由_____、标准器、换向器、计时器和控制台组成。
    A. 稳压水源   B. 管路系统   C. 机泵   D. 阀门
    答案：A，B，D

17. 动态容积法水流量标定装置主要由液体源、_____、标准体积管、活塞、计时器等组成。
    A. 检测阀门   B. 检测开关   C. 检测变送器   D. 检测记录仪
    答案：B，D

四、判断题

1. HART 网络的最小阻抗是 230Ω。
   答案：正确
2. HART 网络中最多可以接入 3 个基本主设备或副主设备。
   答案：错误
3. HART 网络的理想接地方式是屏蔽电缆应在一点接地。

答案：正确

4. 当某些晶体某一个方向受压或机械变形（压缩或拉伸）时，在其相对表面上会产生异种电荷。当外力去掉后，它又重新回到不带电荷的状态，此现象称为压电效应。
   答案：正确

5. 压电式压力传感器是根据弹性元件的自由端产生位移的原理把被测压力转换为电信号的传感器。
   答案：错误

6. 当固体受到作用力后，其电阻率会发生变化，也就是说当硅应变元件受到压力作用时，硅应变元件的电阻发生变化，从而使输出电压发生变化，此现象称为压阻效应。
   答案：正确

7. 压阻式压力传感器是根据弹性元件的自由端产生位移的原理把被测压力转换为电信号的传感器。
   答案：错误

8. 压电式压力传感器是根据压电效应原理把被测压力转换为电信号的传感器。
   答案：正确

9. 压阻式压力传感器原理是根据半导体材料（单晶硅）的压电效应原理制成的传感器。
   答案：错误

10. 压阻式压力传感器原理是根据半导体材料（单晶硅）的压阻效应原理制成的传感器。
    答案：正确

11. 应变式压力传感器是一种通过测量各种弹性元件的应变来间接测量压力的传感器。
    答案：正确

12. 应变式压力传感器是根据半导体材料（单晶硅）的压阻效应原理，通过测量弹性元件的应变电阻变化来间接测量压力的传感器。
    答案：错误

13. 电容式压力传感器原理是采用变电容原理，用弹性元件的变形改变可变电容的电容量，用测量电容的方法测出电容量，把电容量转换成压力大小。
    答案：正确

14. 应变式压力传感器可分为金属电阻应变压力传感器和半导体电阻应变压力传感器两类。
    答案：正确

15. 谐振式压力传感器原理是靠被测压力所形成的应力改变弹性元件的谐振频率，经过适当的电路输出频率信号，此频率信号反映被测压力。
    答案：正确

16. 为了使孔板流量计的流量系数趋向定值，流体的雷诺数应小于界限雷诺数。
    答案：错误

17. 在孔板流量测量回路中，当孔板两侧压差为变送器量程的 1/4 时，该回路流量应该为最大流量的 1/2。
    答案：正确

18. 电磁流量传感器是基于法拉第电磁感应定律而制成的，只是其中切割磁力线的导体不是一般的金属，而是具有导电性的液体或液固两相流体。
    答案：正确

19. 电磁流量计的输出电流与介质流量是开方关系。
    答案：错误

20. 电磁流量计的输出电流与介质流量成线性关系。
    答案：正确
21. 差压式流量计在满量程的 30% 以下一般不宜使用。
    答案：正确
22. 转子流量计是一种非标准化流量计，使用时须按不同的被测介质进行刻度修正。
    答案：正确
23. 因超声波流量计不与介质直接接触，所以可以测量高温介质的流量。
    答案：错误
24. 超声波流量计换能器不耐高温，不能测量高温介质的流量。
    答案：正确
25. 液体产生阻塞流后，流量不随压差的增加而增大；而气体产生阻塞后，流量要随压差增加而增大。
    答案：错误
26. 电磁流量计不能用来测量气体、蒸汽和石油制品等非导电流体的流量。
    答案：正确
27. 电磁流量计显示跳动的可能原因是测量管内没有充满被测介质，即有夹气。
    答案：正确
28. 涡街流量计管道有流量，但没有显示的可能原因是流量过低，没有进入流量计的测量范围。
    答案：正确
29. 差压式流量计三阀组正压阀堵死，负压阀畅通时，仪表指示值偏高。
    答案：错误
30. 双法兰液位变送器与一般差压变送器相比，可以直接测量具有腐蚀性或含有结晶颗粒，以及黏度大、易凝固等介质液位，从而解决了导压管线易被腐蚀、被堵塞的问题。
    答案：正确
31. 双法兰变送器的毛细管长 6m，是指单根毛细管的长度为 6m，而不是两根毛细管的长度之和为 6m。
    答案：正确
32. 双法兰变送器的毛细管长度只要能满足仪表的测量范围就可以，例如若液位变化范围为 6m，则毛细管的长度选 4m 就可以。
    答案：错误
33. 浮子钢带液位计，由于链轮与显示部分轴松动，会导致液位变化，指针不动。
    答案：正确
34. 超声波物位计能测量高温介质物位，不能检测腐蚀介质、高黏度介质和有毒介质的物位。
    答案：错误
35. 一铠装热电偶丝测量一蒸汽管道温度，其值总保持在 100℃ 左右，原因最可能的是热电偶套管内有水。
    答案：正确
36. 用热电阻测量温度时，显示仪表指示值低于实际值或指示不稳的原因不可能是热电阻断路。
    答案：正确
37. 如把 3051 变送器的电源极性接反，则仪表会烧坏。

答案：错误

38. HART 协议采用基于 Bell 标准的 FSK，在低频的模拟信号上叠加幅度为 0.5mA 的音频数字信号进行数字通信。

    答案：正确

39. HART 协议通信中，主要的变量和控制信息由 FSK 传送。

    答案：错误

40. HART 协议通信中，主要的变量和控制信息由 CSK 传送。

    答案：正确

41. HART 协议参考 ISO/OSI（开放系统互联模型），采用了它的简化三层模型结构，包括物理层、数据链路层和网络层。

    答案：错误

42. HART 协议采用基于 Bell 标准的 ASK，在低频的模拟信号上叠加幅度为 0.5mA 的音频数字信号进行数字通信。

    答案：错误

43. HART 通信中，通信介质的选择视传距离长短而定。通常采用双绞同轴电缆作为传输介质时，最大传送距离可达到 1500m。

    答案：正确

五、简答题

1. 如何检查氧气压力表内有无油脂？

   答案：方法是：先将纯净的温水注入弹簧管内，经过摇荡，再将水倒入盛有清水的器皿内，如水面上没有彩色的油影，即可认为没有油脂。

2. 试分析压力显示满量程的故障原因。

   答案：压力显示满量程的故障原因有：①首先排除信号线被短接的可能，因为压力变送器 24V DC 电源是由 DCS 模件卡件提供，所以现场短接信号线会在 DCS 画面上显示满量程。②与岗位联系，将现场的针型阀关闭，拆下压力变送器，若仍然显示满量程，先检查测量管是否堵，如果堵需气通，如不堵则判断为压力变送器损坏，更换即可。若显示为零，则可能为所测压力过大，关小进口阀或更换合适量程的压力变送器即可，或者 U 形管结冰，用蒸汽烘化后即可。

3. 测量特殊介质的压力时，如何选用就地指示压力表？

   答案：①对炔、烯、氨及含氨介质的测量，应选用氨用压力表；②对氧气的测量，应选用氧气压力表；③对氧化硫及含硫介质的测量，应选用抗硫压力表；④对剧烈脉动介质的测量（如往复泵出口），宜选用耐振压力表；⑤对黏性介质的测量，宜选用膜片式压力表；⑥对腐蚀性介质（如硝酸、醋酸，其他酸类或碱类）的测量，宜选用耐酸压力表或防腐型膜片式压力表；⑦对强腐蚀且高黏度、易结晶、含有固体颗粒状介质的测量，宜选用防腐型膜片式压力表，或采用吹气、冲液法测量。

4. 一仪表柜要求充气至 100Pa，选用量程为 0～200Pa 的薄膜压力开关，安装在仪表柜内进行测量，问这种测量方法是否合理？为什么？如何改进？

   答案：这种测量方法不合理。因为仪表与仪表柜处于同一压力系统中，所以仪表指示始终为零。改进的方法是：将压力开关移至仪表柜外；另一办法是将压力测量改为压差测量，把差压表的另一端与大气相通，测出仪表柜的表压。

5. 孔板使用有什么条件规定？

答案：①被测介质应充满管道截面，连续地流出且流束稳定；②被测介质在通过孔板时不发生相变，是单相存在的；③在测量能引起孔板堵塞的介质流量时，必须进行定期清洗；④在离开孔板前后端面 2D 的管道内表面上，没有任何凸出物和肉眼可见的粗糙与不平现象；⑤测量气体（蒸汽）流量时所析出的冷凝液或灰尘，测量液体流量时所析出的气体或沉淀物，既不聚积在管道中的孔板附近，也不得聚积在连接管内。

6. 为什么孔板差压式流量计测流量时，气体或蒸汽要进行温压补偿，而测液体流量时却不需要？

答案：因为孔板测流量时，流量的大小，除了与孔板差压有关外，还与介质密度有关，而气体的可压缩性很大，不同压力下密度相差很大，不同温度时介质密度也不一样，所以在测气体流量时都要通过温压补偿，将测得的工况流量折算成标准状态下的流量。而液体的可压缩性很小，温度变化不大时，其密度也不会变化多少，所以不需温压补偿。

7. 测量蒸汽流量时为什么要进行温度、压力补偿？使用中如何补偿？

答案：蒸汽质量流量等于体积流量与蒸汽密度的乘积。蒸汽的密度随着温度和压力的变化而变化，在不同的温度和压力下，同样的体积流量，其质量流量也不相同。为了修正温度和压力变化而造成的误差，必须进行温度和压力补偿。使用中一般有以下两种补偿方法。①动态补偿：根据工艺状况，确定合适的蒸汽压力和温度补偿范围，由仪表自动进行计算补偿；②静态补偿：根据工艺状况，确定以某一温度和压力为基准点，将其密度作为标准量输入计算。

8. 使用容积式流量计时，应注意些什么？

答案：使用容积式流量计时，应注意：①在启动和停运罗茨或椭圆齿轮流量计时，开、关阀门应缓慢，否则容易使转子损坏；在启动高温流量计时，由于转子和壳体的温升是不一样的，前者快，后者慢，因而流量计的温度变化不能太剧烈，否则会使转子卡死。②流量计的测量范围不能选得太小，如果连续使用仪表的上限范围，转子会因长期高速旋转而磨损，从而缩短仪表的使用寿命。③流量计停运时，对容易凝固的介质，应用蒸汽立即扫线，扫线时，不能让转子的转速太快，也不要反吹，热蒸汽的温度不能超过流量计的温度范围。④蒸汽扫线以后，应把残留的积水或由于阀门密封不好而渗入的水汽放掉，否则天气在 0℃ 以下时，残水容易把转子冻裂。⑤正常使用时，应注意流量计两端的压降，如果突然增大（一般应不大于 120kPa），应停下来检修。

9. 为什么电磁流量计的接地特别重要？

答案：电磁流量计的信号比较微弱，在满量程时只有 2.5～8mV，流量很小时，输出只有几微伏，外界略有干扰，就会影响仪表精度，因此电磁流计的接地特别重要。

10. 检定压力变送器时，如何确定其检定点？

答案：检定 0.5 级以上的压力变送器时，需用二等标准活塞式压力计作为标准器，而活塞式压力计作为标准器，能够测量的压力值是不连续的。所以在检定压力变送器时，要根据压力变送器的量程和活塞式压力计输出压力的可能，确定 5 个或 5 个以上的检定点。确定好检定点后，可将各检定点压力变送器对应的输出电流值作为真值（或实际值），按确定的检定点进行检定。检定时，将压力变送器的实际输出值（标准毫安表的示值）作为测量值（或示值），将二者进行比较即可求出压力变送器的示值误差。当检定 1 级以下的压力变送器时，可以使用弹簧管式精密压力表作为标准器。此时，也不一定要一律均分成 5 个检定点，而要根据精密压力表的读数方便（按精密压力表的刻度线）来确定检定点，只要在全范围内不少于 5 点就行。

11. 流量测量仪表刻度范围如何选择？

答案：对于方根刻度来说：最大流量不超过满刻度的 95%；正常流量为满刻度的 70%～80%；最小流量不小于满刻度的 30%。对于线性刻度来说：最大流量不超过满刻度的 90%；正常流量为满刻度的 50%～70%；最小流量不小于满刻度的 10%。

12. 安装旋涡流量计时应注意些什么？为什么？

答案：安装旋涡流量计时应注意：①旋涡流量计的前后，必须根据阻力形式有足够长的直管段，以确保产生旋涡的必要流动条件。流体的流向应和传感器标志的流向一致。②旋涡流量计的安装地点应防止传感器产生机械振动，特别是管道的横向振动会使管内的流体随之振动，从而使仪表产生附加误差。③旋涡流量计的安装地点还应避免外部磁场的干扰。传感器与二次仪表之间的连线应采用屏蔽线，并应穿在金属管内，金属导管应接地。④遇有调节阀、半开阀门时，旋涡流量计应装在它们的上游。但如果流体有脉动，如用往复泵输送流体，则安装在阀门的下游，或加储液罐，以减少流体的脉动。⑤旋涡流量计的内径应和其匹配的管道直径一致，相对误差不能大于 3%。⑥如果要在流量计附近安装温度计和压力计，测温点、测压点应在流量计下游附近 5D 以上的位置。⑦流量计的中心线应和管道的中心线保持同心，并应防止垫片插入管道内部。

13. 一台孔板流量计测量仪表，测量值偏大或偏小，如何正确处理？

答案：测量值偏大或者偏小，一般是由正、负导压管内隔离液漏损或导压管堵塞造成的。打开变送器排污孔进行排污，如果排污排气不畅通，则导压管或根部阀处被堵塞，应进行疏通；如果排污排气畅通，则是隔离液缺失造成的，应查找漏点，紧固接头，处理漏点，重新灌隔离液，标定零点即可。

14. 引起电磁流量计测量流量与实际流量不符的故障原因是什么？

答案：引起电磁流量计测量流量与实际流量不符的故障原因是：①转换器设定值不正确；②电磁流量计传感器安装位置不妥，未满管或液体中含有气泡；③传感器上游流动状况不符合要求；④传感器极间电阻变化或电极绝缘下降；⑤传感器内壁结垢严重；⑥实际流量估算或计算错误。

15. 电磁流量计在工作时，发现信号越来越小或突然下降，原因可能有哪些？

答案：当测量导管中没有介质时，电极间实际是绝缘的，造成信号越来越小或突然下降情况的主要原因是电极间的绝缘变坏或被短路，上述情况应从以下几个方面考虑：①测量导管内壁可能沉积污垢，应予以清洗并擦拭电极；②测量导管衬里可能被破坏，应予以更换；③信号插座可能被腐蚀，应予以清理或更换。

16. 某企业泵房将满管式电磁流量计的电源火线接在空气开关上，零线接在仪表系统的接地端子排（也是直流 24V 的负极），该接地与供电系统的零线相连，刚投入运行时是正常的。请问此方案可行吗？为什么？

答案：此方案不可行。因为从安全上考虑，一旦接地的引入线断开或松动，就可能烧坏仪表，另外仪表工工作时也会产生人身安全问题。如接地电阻较大时，也会将交流干扰引入其他仪表系统。

17. 有一台涡街流量计设定完后投运，表上突然显示 E203 报警，这是什么原因？应怎样处理？

答案：E203 报警表示量程超限。这是因为测试 APPL（流速太高），如果 APPL 选项没错，则重设量程 F5（增大量程）。

18. 一台正在投用的电磁流量计指示波动很大，试分析其原因。

答案：正在投用的电磁流量计指示波动很大，其原因有：①调节阀与流量计在自调上，调节阀出现了故障，把调节阀打到手动上，流量指示正常；②电磁流量计的接地线与接地环脱落，重新接上；③到现场查看电磁流量计周围是否有电焊机等大功率干扰；④电磁流量计的阻尼时间太短，重新调整阻尼时间；⑤工艺介质没有充满工艺管道，或液体介质内有大量的气泡，致使电极导电性能低，从而流量波动很大。

19. 差压式流量计在满量程的 30% 以下一般不宜使用，为什么？如果出现这种情况，该如何处理？

    答案：流量测量中，国标规定节流装置适用的流量比为 30%（最小流量：最大流量＝1:3）。这是因为压差与流量平方成比例，流量比低于 30%，精度就不能保证。另外，流量小于 30% 时，雷诺数往往低于界限雷诺数，流量系数不是常数，造成流量测量不准。流量比低于 30% 以下时，可做如下处理：①工艺允许降低最大流量，而且雷诺数足够大，则可以改孔板或压差解决；②改用其他类型流量计，如涡轮流量计等。

20. 如何在线判断电磁流量计内壁的结垢情况？

    答案：电磁流量计测量管内壁附着绝缘层或导电层，最可靠的检查判断是拆下传感器，离线直接观察；也可用在线间接检查方法，即用测量电极接触电阻值和电极极化电压来估计判断附着层状况。电磁流量计的电极接触电阻最好在新装仪表调试或清理内壁后，即测量并记录在案，以后每次维护时均做测量分析比较。用万用表在充满液体时测量电极与介质的接触电阻，如果电阻值增加，说明电极表面和衬里被绝缘层覆盖或部分覆盖；如果电阻值减小，说明电极和衬里表面附着导电沉积层。测量电极与介质间极化电压将有助于判断零点不稳定或输出波动的故障是否由电极被污染或覆盖导致，用数字万用表直流 2V 挡，分别测两极与地之间的极化电压（电磁可以不停电测，也可停电测），如果两次测量值几乎相等，说明电极正常，否则说明电极被污染或被覆盖，测量值可能在几毫伏至几百毫伏。

六、计算题

1. 一被测介质压力为 1.0MPa，仪表所处环境温度为：$t_a=55℃$，用一弹簧管压力表进行测量，要求测量精度 δ_a 为 1%，请选择该压力表的测量范围 P_d 和精度等级 δ_d？（温度系数 β 为 0.0001）

   答案：根据规定，被测值不超过仪表量程 P_d 的 2/3，则有 $2/3P_d \geqslant P_a$，$P_d \geqslant 3/2P_a = 3/2 \times 1.0 = 1.5$MPa。所以压力表的测量范围应选择 0~1.6MPa。
   温度附加误差：$\Delta P = P_d \beta (t_a - 25) = 1.5 \times 0.0001 \times (55 - 25) = 0.0045$MPa。
   压力表允许误差＝要求测量精度－温度附加误差＝$1 \times 1\% - 0.0045 = 0.0055$MPa。
   仪表精度为 $(0.0055/1.6 - 0) \times 100\% = 0.34\%$，所以应选择一测量范围为 0~1.6MPa，精度为 0.25 级的压力表。

2. 用单法兰液面计测量开口容器液位，液面计已经校好，后因实际维护需要，仪表安装位置下移了一段距离 ΔH，通过计算求出仪表的指示将怎样变化？该如何处理？

   答案：设介质的最低液位为法兰的中心，当液位最低时，液面计正压侧所受压力为 $H\rho g$（ρ 为液面计毛细管中充灌液的密度），调校时应把 $H\rho g$ 正迁移掉。但若迁移好后，仪表又下移了一段距离 ΔH，则液位最低时，仪表正压侧所受压力为 $H\rho g + \Delta H\rho g$，相当于正压室又多了 $\Delta H\rho g$，所以液面计的输出要上升，此时若要保证测量准确，需将 $\Delta H\rho g$ 也正迁移掉才行。

3. 用一只标准压力表检定甲、乙两只压力表时，读得标准表的指示值为 100kPa，甲、乙两表的读数各为 101.0kPa 和 99.5kPa，求它们的绝对误差和修正值。

答案：甲表的绝对误差：$\Delta X_1 = X - X_0 = 101.0 - 100 = 1.0\text{kPa}$，乙表的绝对误差：$\Delta X_2 = 99.5 - 100 = -0.5\text{kPa}$。对仪表读数的修正值：甲表，$C_1 = -\Delta X_1 = -1.0\text{kPa}$；乙表，$C_2 = -\Delta X_2 = 0.5\text{kPa}$。

4. 15℃时声音在空气中的传播速度为 340.55m/s，求 40℃时声音在空气中的传播速度为多少？

答案：声音在空气中的传播速度随温度的变化而变化，声音速度和温度的近似关系为 $C = 331.4 + \beta t$。式中：C 为声速；β 为声速温度系数，$\beta = 0.61\text{m/℃}$；t 为温度。$C = 331.4 + \beta t = 331.4 + 0.61 \times 40 = 355.8\text{m/s}$，40℃时声音在空气中的传播速度为 355.8m/s。

5. 用浮筒液位计测容器内的液态烃液位。已知液位计的测量范围为 800mm，液态烃的密度为 0.5g/cm^3。若该液位计在 0℃以下的环境使用，水可能冻结，应该用何种介质换算校验？

答案：在水可能冻结的低温场合，可用酒精作为校验介质，若酒精密度为 0.8g/cm^3，则当液位最高时，向液位计内所灌的酒精高度 $H = 0.5 \times 800 \div 0.8 = 500\text{mm}$，把 500mm 分为四等份，当液位为 75%、50%、25%、0%时，液位计内所灌酒精的高度为 375mm、250mm、125mm、0mm。

6. 生产中欲连续测量液体的密度，被测液体密度在 $\rho_{\min}$ 至 $\rho_{\max}$ 间变化。请设计一种利用差压变送器来连续测量液体密度的方案，请画出设计草图并回答下列问题：①变送器的量程应如何选择？②迁移量是多少？③列出仪表输出信号 $P_{出}$ 与液体密度 ρ 之间的关系式。

答案：设计草图如图 4-1 所示。

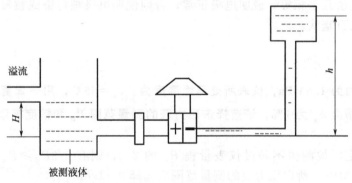

图 4-1 设计草图

①变送器量程选择为：$\Delta p = H\rho_{\max}g - H\rho_{\min}g = H(\rho_{\max} - \rho_{\min})g$；②当被测液体密度最低时，变送器正、负压室压力 P_+、P_- 分别为：$P_+ = H\rho_{\min}g$，$P_- = h\rho_o g$，于是迁移量程 $\Delta p = P_+ - P_- = H\rho_{\min}g - h\rho_o g$；当 Δp 大于 0 时，为正迁移，迁移量为 $(H\rho_{\min}g - h\rho_o g)$；当 $\Delta p = 0$ 时，迁移量为零，无迁移；当 Δp 小于 0 时，为负迁移，迁移量为 $(H\rho_{\min}g - h\rho_o g)$；③设 $K = \Delta p_{出}/\Delta p_{入} = (P_{出\max} - P_{出\min})/(H\rho_{\max}g - H\rho_{\min}g)$，设被测介质当前密度为 ρ_x，则 $P_{出} = K(H\rho_x g - H\rho_{\min}g) + P_{出\min}$，则有

$$P_{出} = \frac{P_{出\max} - P_{出\min}}{H\rho_{\max}g - H\rho_{\min}g} H(\rho_x - \rho_{\min})g + P_{出\min}$$

$$= \frac{P_{出\max} - P_{出\min}}{\rho_{\max} - \rho_{\min}}(\rho_x - \rho_{\min}) + P_{出\min}$$

7. 用单法兰液位计测量开口容器内的液位，其最低液位和最高液位到仪表的距离分别是 $h_1 = 1\text{m}$，$h_2 = 3\text{m}$（图 4-2）；若被测介质密度为 $\rho = 980\text{kg/m}^3$，求：①变送器的量程为多

少？②是否需要迁移？迁移量是多少？③若液面高 $h=2.5\mathrm{m}$，仪表的输出为多少？

图 4-2 液位示意图

答案：①仪表的量程是指当液位由最低升到最高时液面计上所增加的压力，故量程 Δp 为：$\Delta p = (h_2-h_1)\rho g = (3-1)\times 980\times 9.807 = 19221.7\mathrm{Pa}$；②当液位最低时，液面计正、负压室的受力分别是：$P_+ = h_1\rho g = 1\times 980\times 9.807 = 9610.9\mathrm{Pa}$，$P_- = 0$，于是液面计的迁移量 P 为：$P = 9610.9 - 0 = 9610.9\mathrm{Pa}$，因为 $P_+ > P_-$，所以仪表为正迁移；③当液位 $h = 2.5\mathrm{m}$ 时，仪表的输出为：$I_o = \dfrac{h-h_1}{h_2-h_1}\times (20-4)+4 = \dfrac{2.5-1}{3-1}\times 16+4 = 16\mathrm{mA}$。

8. 有一台配 S 型热电偶的 XCZ 型动圈仪表，测温范围为 $0\sim 1600\mathrm{℃}$，原串联电阻为 90.93Ω。现根据生产需要，拟改为配 K 型热电偶，测温范围为 $0\sim 800\mathrm{℃}$，如何改制？改制后可能出现什么问题？（已知：S 型热电偶在 $0\sim 1600\mathrm{℃}$ 时，热电势为 $0\sim 16.688\mathrm{mV}$；K 型热电偶在 $0\sim 800\mathrm{℃}$ 时热电势为 $0\sim 33.29\mathrm{mV}$，$R_{动}=80\Omega$，$R_{原串}=90.93\Omega$，$R_t=68\Omega$，$R_b=50\Omega$，$R_{外}=15\Omega$。）

答案：

改制前：$I_1 = \dfrac{E_1}{R_{外}+R_{原串}+R_{动}+R_t//R_b} = \dfrac{16.688}{15+90.93+80+68//50} = 0.0777\mathrm{mA}$

改制后：$I_2 = I_1 = \dfrac{E_2}{R_{外}+R_{串}+R_{动}+R_t//R_b}$

故 $R_{串} = \dfrac{E_2}{I_1} - R_{外} - R_{动} - R_t//R_b = \dfrac{33.29}{0.0777} - 15 - 80 - 68//50$
$= 304\Omega$

即将仪表中的 $R_{串}$ 改为 304Ω 才可以测量温度。
改制后可能出现问题为：
①因为 $R_{串} > R_{原串}$，故仪表精度提高，阻尼变差。
②K 型热电偶和 S 型热电偶的电阻不等，故需重新调整 R_t。

9. 孔板和差压变送器配套测流体流量，变送器的测量范围为 $0\sim 80\mathrm{kPa}$，对应的流量为 $0\sim 100\mathrm{t/h}$。仪表投用后发现，管道内的实际流量很小，变送器的输出只有 $5.5\mathrm{mA}$ 左右。如果希望变送器输出在 $8\mathrm{mA}$ 左右，则如何更改差压变送器的测量范围，更改后测得的最大流量是多少？

答案：①变送器输出 $5.5\mathrm{mA}$ 时的压差 Δp 按公式 $\Delta p = \Delta p_{max}(I_o-4)/16$ 计算，已知变送器的量程压差 $\Delta p_{max}=80\mathrm{kPa}$，输出电流 $I_o=5.5\mathrm{mA}$，故 $\Delta p = 80\times(5.5-4)/16 = 7.5\mathrm{kPa}$；②变送器更改后的量程为 $\Delta p_{改}$，因为变送器输入 $7.5\mathrm{kPa}$ 时的输出为 $8\mathrm{mA}$，所以 $\Delta p_{改} = 7.5\times 16/(8-4) = 30\mathrm{kPa}$；③因为流量和压差的关系为 $Q = K\sqrt{\Delta p}$（K 为比例系数），所以 $\dfrac{Q_{max}}{Q} = \dfrac{\sqrt{\Delta p_{max}}}{\sqrt{\Delta p_{改}}}$。已知：$Q_{max}=100\mathrm{t/h}$，$\Delta p_{max}=80\mathrm{kPa}$，$\Delta p_{改}=30\mathrm{kPa}$，得到

变送器量程更改后的最大流量为 $\dfrac{100}{Q}=\dfrac{\sqrt{80}}{\sqrt{30}}$，$Q=61.23\text{t/h}$。

10. 有一台气动差压变送器，表量程为 **25000Pa**，对应的最大流量为 **50t/h**，工艺要求 **40t/h** 时报警。试问：①不带开方器时，报警设定值在多少？②带开方器时，报警设定值在多少？

    答案：①不带开方器时，对应 40t/h 流量的压差 $\Delta p_1=25000\times(40/50)^2=16000\text{Pa}$，对应 40t/h 流量的输出 $P_{出1}=(16000/25000)\times 80+20=71.2\text{kPa}$。所以，报警值 $S=71.2\text{kPa}$；②带开方器时，因为 $\Delta Q=K\Delta P$，对应 40t/h 的压差，$\Delta p_2=25000\times(40/50)=20000\text{Pa}$，对应 40t/h 的输出 $P_{出2}=20000/25000\times 80+20=84\text{kPa}$，所以，报警值 $S=84\text{kPa}$。

第五模块 过程控制仪表知识

一、填空题

1. 齐纳安全栅接地方式通常采用_____方式。
   答案：多点接地
2. 检测端安全栅用于为两线制变送器进行_____供电。
   答案：隔离式
3. _____是由直流/交流转换器、调制器、隔离变压器、解调放大器、整流滤波器和限能器组成的。
   答案：操作端安全栅
4. 安全栅与变送器配合使用的叫_____。
   答案：输入式安全栅
5. 被调介质流过阀门的相对流量 Q/Q_{max} 与阀门相对行程 L/L_{max} 之比，为调节阀的_____。
   答案：流量特性
6. 调节阀流量特性反映_____与相对流量之间的关系。
   答案：相对开度
7. 调节阀流量特性的选择原则是阀的放大系数与对象放大系数的乘积为_____。
   答案：常数
8. 调节阀的_____是指调节阀的相对流量与相应位移成直线关系。
   答案：直线流量特性
9. 若调节阀的入口和出口装反了，则会影响阀的_____，引起流通能力的改变。
   答案：流量特性
10. 理想流量特性取决于_____，工作流量特性则取决于配管状况和阀芯形状。
    答案：阀芯结构
11. 过程控制系统一般宜选用_____特性。
    答案：快开流量
12. 对于含固体悬浮颗粒介质或重介质的调节阀，宜选用_____特性。
    答案：直线
13. 若调节对象放大系数随负荷的加大而减小，则应选_____调节阀。
    答案：对数特性
14. 选择调节阀的口径时，为确保能够正常运行，要求调节阀在最大流量时的开度为_____，最小流量时的开度为10%。
    答案：90%
15. 调节阀的口径选择时，为确保能够正常运行，要求调节阀在最大流量时的开度为90%，最小流量时的开度为_____。

答案：10%

16. 国内常用的调节阀填料有_____、石墨和石棉等。
    答案：聚四氟乙烯

17. 给高温调节阀加盘根时，应该选用_____填料。
    答案：石墨

18. DDZ-Ⅲ型调节器的输入信号一般为_____，输出信号为 4～20mA DC。
    答案：1～5V DC

19. DTL-3100 型全刻度指示调节器的手动调节设有_____两种，在软手动状态下，具有良好的输出保持特性。
    答案：硬手动和软手动

20. 在数字式调节器或 DCS 中实现 PID 运算，当采用增量型算式时，调节器第 n 次采样周期的输出 $\Delta u(n)$ 与_____相对应。
    答案：调节阀开度变化量

21. PMA 调节器操作输出为_____，允许负载阻抗为 0～600Ω。
    答案：4～20mA

22. 调节器的正作用是指当调节器的偏差信号增大时，其输出信号随之_____。
    答案：增加

23. PNA3 调节器可以给_____台变送器同时提供 24V DC 电源。
    答案：3

24. 一台带开方的 PMA 调节器，自动控制正常，但其测量温值（PV）和设定温值（SV）相差较多，可能是_____开关没有选对位置所致。
    答案：PV/KPV

25. 用 PMK 调节器实现串级调节时，必须将多芯插头中_____两个端子短接，或在模块中软短接。
    答案：R-REQ 和 R-ACK

26. 电子调速器具有调速控制、启动程序控制、负荷控制和_____功能。
    答案：超速保护控制

27. 电液转换器的功能是将调速器的_____转换为液压执行器的液压信号。
    答案：毫伏信号

二、单选题

1. 调节阀经常小开度工作时，宜选用_____特性的调节阀。
   A. 等百分比　　B. 快开　　C. 直线　　D. 抛物线
   答案：A

2. 对于含固体悬浮颗粒介质或重介质的调节阀，宜选用_____特性的调节阀。
   A. 快开　　B. 等百分比　　C. 直线　　D. 抛物线
   答案：C

3. 用于两位式调节的阀应选择_____特性的阀。
   A. 快开　　B. 等百分比　　C. 线性　　D. 抛物线
   答案：A

4. 用于迅速启闭的切断阀应选择_____特性的阀。
   A. 快开　　B. 等百分比　　C. 线性　　D. 抛物线

答案：A

5. 选择调节阀的口径时，为确保能够正常运行，要求调节阀在最大流量时开度为_____%，最小流量时的开度为10%。
   A. 90   B. ≥90   C. 60   D. 10
   答案：A

6. 调节阀阀内件材料选择的依据与被调介质的_____无关。
   A. 黏度   B. 温度   C. 腐蚀性   D. 压力
   答案：A

7. 油浆系统的调节阀底盖可选用_____垫片。
   A. 四氟乙烯   B. 缠绕钢   C. 普通石棉   D. 石棉
   答案：B

8. 普通调节阀上阀盖垫片选用四氟乙烯，其工作温度范围为_____℃。
   A. −40～250   B. −60～450   C. −60～250   D. −40～450
   答案：A

9. _____填料是一种新型调节阀填料，具有密封性好、润滑性好、化学惰性强、耐腐蚀、耐高低温等优点，缺点是摩擦力大。
   A. 石墨环   B. 聚四氟乙烯 V 形圈
   C. 石棉-聚四氟乙烯   D. 石棉-石墨
   答案：A

10. 调节阀的流量随着开度的增大迅速上升，很快地接近最大值的是_____。
    A. 直线流量特性   B. 等百分比流量特性
    C. 快开流量特性   D. 抛物线流量特性
    答案：C

11. 调节器的反作用是指_____。
    A. 测量值大于给定值时，输出增大   B. 测量值大于给定值时，输出减小
    C. 测量值增大，输出增大   D. 测量值增大，输出减小
    答案：D

12. 在自控系统中，确定调节器、调节阀、被控对象的正反作用方向必须按步骤进行，其先后次序为_____。
    A. 调节器、调节阀、被控对象   B. 调节阀、被控对象、调节器
    C. 被控对象、调节器、调节阀   D. 被控对象、调节阀、调节器
    答案：D

13. 调节系统中调节器正反作用的确定依据是_____。
    A. 实现闭环回路的正反馈   B. 实现闭环回路的负反馈
    C. 系统放大系数恰到好处   D. 生产的安全性
    答案：B

14. DDZ-Ⅲ型调节器_____的切换为有扰动的切换。
    A. 从"硬手动"向"软手动"   B. 从"硬手动"向"自动"
    C. 从"自动"向"硬手动"   D. 从"自动"向"软手动"
    答案：C

15. 避免调节阀产生气蚀的方法是_____。
    A. 调节阀的压差＞PV   B. 调节阀的压差＜PV

C. 调节阀的压差=PV　　　　　　　　D. 调节阀的压差=0
答案：B

16. 调节阀在实际运行时，阀位应当在_____为宜。
A. 30%～80%　　B. 15%～90%　　C. 20%～100%　　D. 10%～50%
答案：A

17. 下列说法不正确的是_____。
A. 调节器是控制系统的核心部件
B. 调节器是根据设定值和测量值的偏差进行 PID 运算的
C. 调节器设有自动和手动控制功能
D. 数字调节器可以接收 4～20mA 电流输入信号
答案：D

18. 模拟调节器_____。
A. 可以进行偏差运算和 PID 运算　　　　B. 只能进行偏差运算
C. 只能进行 PID 运算　　　　　　　　　D. 既不能进行偏差运算，也不能进行 PID 运算
答案：A

19. DDZ-Ⅲ型调节器的负载电阻值为_____。
A. 0～300Ω　　　　　　　　　　　　　B. 0～250Ω
C. 250～750Ω　　　　　　　　　　　　D. 0～270Ω
答案：C

20. 关于操作仪表三阀组，下列说法错误的是_____。
A. 不能让导压管内的凝结水或隔离液流失
B. 不可使测量元件（膜盒或波纹管）受压或受热
C. 操作过程中，正、负压阀和平衡阀可同时打开
D. 三阀组的启动顺序应该是：打开正压阀、关闭平衡阀、打开负压阀
答案：C

21. 用变送器的输出直接控制调节器，能否起调节作用？_____。
A. 能　　　　　　　　　　　　　　　　B. 不能
C. 视控制要求而定　　　　　　　　　　D. 无法确定
答案：C

22. 安全火花型防爆仪表属于_____。
A. 隔爆型　　B. 增安型　　C. 本质安全型　　D. 正压型
答案：C

23. DDZ-Ⅲ型电动单元组合仪表的标准统一信号和电源为_____。
A. 0～10mA，220V AC　　　　　　　B. 4～20mA，24V DC
C. 4～20mA，220V AC　　　　　　　D. 0～10mA，24V DC
答案：B

24. 正作用调节器是指_____。
A. 输入>0，输出>0　　　　　　　　　B. 输入增大，输出也增大
C. 输出与输入成正比　　　　　　　　　D. 正偏差增大，输出也增大
答案：D

25. 对于 DDZ-Ⅲ型调节器，以下切换中，无需事先平衡的切换是_____。
A. 自动到硬手动　　　　　　　　　　　B. 自动到软手动

C. 软手动到硬手动　　　　　　　　D. 以上均可

答案：B

26. 对于DDZ-Ⅲ型调节器，若要增大积分作用，减少微分作用，则应_____。
    A. 增大积分时间、微分时间　　　　B. 增大积分时间、减小微分时间
    C. 减小积分时间、微分时间　　　　D. 减小积分时间、增大微分时间

    答案：C

27. 由安全火花防爆仪表构成的系统_____是安全火花防爆系统。
    A. 肯定不　　　　B. 一定　　　　C. 不一定

    答案：C

28. 关于调节器的比例度和积分时间，下列说法正确的是_____。
    A. 比例度越大，比例作用越强
    B. 积分时间越小，积分作用越强
    C. 比例度越大，比例作用越弱；积分时间越大，积分作用越强
    D. 比例度越小，比例作用越弱；积分时间越小，积分作用越弱

    答案：B

29. 积分作用的强弱与积分时间 T_I 之间的关系是_____。
    A. T_I 大，积分作用弱　　　　B. T_I 小，积分作用弱
    C. K 和 T_I 都大，积分作用强　　　　D. 积分作用的强弱与 T_I 没有关系

    答案：A

30. DTL型调节器中，输入电阻值为_____。
    A. 800Ω　　　　B. 400Ω　　　　C. 600Ω　　　　D. 200Ω

    答案：D

31. 下列关于安全栅的说法，错误的是_____。
    A. 必须安装在现场
    B. 有信号传输作用
    C. 用于限制流入危险场所的能量
    D. 目前使用的有电阻式、齐纳式、隔离式、中继放大式四种

    答案：A

32. 一台PID调节器，在系统控制稳定后，输出信号为_____。
    A. 4mA　　　　B. 20mA　　　　C. 初始值　　　　D. 不能确定

    答案：D

33. DDZ-Ⅲ型调节器积分时间 T_I 的校验是按_____状态进行校验的。
    A. 闭环　　　　B. 开环　　　　C. 在线　　　　D. 闭环、开环均可

    答案：B

34. DDZ-Ⅲ型调节器进行积分时间 T_I 的校验，是将微分时间置于最小，即"关断"，将积分时间置于_____，将正反作用开关置于"正作用"，把工作状态切换开关拨到"软手动"位置。
    A. 最小　　　　B. 最大　　　　C. 任意位置　　　　D. 被校验刻度值

    答案：B

35. DDZ-Ⅲ型调节器进行积分时间 T_I 的校验，是把切换开关拨到"自动"位置，使输入信号改变0.25V（即输入信号从3V变化到3.25V），调整比例度为实际的100%，此时输出电流应变化1mA（从4mA变化到5mA）；把积分时间迅速旋至被校验的某刻度，同时

启动秒表,调节器输出电流逐渐上升,当上升到_____ mA 时,停表计时,此时间即为实测积分时间。

A. 6　　　　　　B. 7　　　　　　C. 8　　　　　　D. 9

答案:A

36. DDZ-Ⅲ型调节器进行积分时间 T_I 校验时,需要调整测量信号(输入信号)和给定信号为_____,并用软手动使输出电流为 **4mA**,然后把切换开关拨到"自动"位置,再使输入信号改变 **0.25V**(即输入信号从 **3V** 变化到 **3.25V**)。

A. 有测量信号,无给定信号

B. 无测量信号,有给定信号

C. 测量信号与给定信号为任意数值

D. 测量信号与给定信号相等,均为 3V(即 50%),即偏差为零

答案:D

37. 下面_____代表调节阀。

A. FV　　　　　B. FT　　　　　C. FY　　　　　D. FE

答案:A

38. 车削偏心精度要求较高且数量要求较多的偏心工件,可在_____上车削。

A. 四爪单动卡盘　　　　　　　　B. 三爪自定心卡盘

C. 专用夹具

答案:C

39. 控制高黏度、带纤维、细颗粒的流体,选用_____最为合适。

A. 蝶阀　　　　　B. 套筒阀　　　　　C. 直通双座阀　　　　　D. 偏心旋转阀

答案:D

40. 某调节阀的工作温度为 **400℃**,其上阀盖形式应选择_____。

A. 普通型　　　　B. 散热型　　　　C. 长颈型　　　　D. 波纹管密封型

答案:B

41. 调节阀的泄漏量就是指_____。

A. 在规定的温度和压力下,阀全关状态的流量大小

B. 调节阀的最小流量

C. 调节阀的最大量与最小量之比

D. 被调介质流过阀门的相对流量与阀门相对行程之间的比值

答案:A

42. 精小型调节阀具有许多优点,但不具有_____的特点。

A. 流量系数提高 30%　　　　　　B. 阀体重量减轻 30%

C. 阀体重量增加 30%　　　　　　D. 阀体高度降低 30%

答案:C

43. 在两顶尖间测量偏心距时,百分表指示出的_____就等于偏心距。

A. 最大值和最小值之差的一半　　　B. 最大值和最小值之差

C. 最大值和最小值之差的两倍　　　D. 最大值和最小值之和

答案:A

44. 在用户现场,HVP11 智能阀门定位器实现反作用输出的快捷方法为_____。

A. 返厂重新设定　　　　　　　　B. 专用手操设定

C. 上位机通信设定　　　　　　　D. 利用自带按键、显示器设定

答案：D

45. 电-气阀门定位器铭牌上 **IP65** 标识的正确含义为_____。
   A. 具有防尘、防溅水的防护能力　　B. 具有防尘、防喷水的防护能力
   C. 具有尘密、防喷水的防护能力　　D. 具有尘密、防溅水的防护能力
   答案：C

46. 在阀门定位器技术参数中，与准确度有关的性能指标是_____。
   A. 基本误差限、回差、死区　　B. 基本误差限、行程、回差
   C. 基本误差限、行程、死区　　D. 行程、回差、死区
   答案：A

47. 智能阀门定位器有输入信号和有显示，但无气压输出，下面原因不正确的是_____。
   A. 气源压力不对　　B. 气路堵塞
   C. 电路板采样不对　　D. 阀门卡死
   答案：D

48. 空气过滤减压阀在阀门定位器前端的作用，下面描述不正确的是_____。
   A. 降低气源压力　　B. 增加气源流量
   C. 提高气源压力的稳定性　　D. 减少气源中杂质含量
   答案：B

49. 气动调节阀配阀门定位器的主要作用，下面说法不正确的是_____。
   A. 实现阀门比例调节　　B. 提高线性精度
   C. 克服阀杆的摩擦力　　D. 提高阀门流通介质能力
   答案：D

50. 为了降低调节阀门动作的全行程时间，经常采取增配气动元件的方法来实现，能够实现增速的元件是_____。
   A. 增压器　　B. 限位开关
   C. 保位阀　　D. 流量放大器
   答案：D

51. 以下对智能阀门定位器的说法，不正确的是_____。
   A. 能够实现控制室与阀门现场的信息双向交流
   B. 不接收 4～20mA 信号
   C. 实现人机对话功能
   D. 零点、行程自整定实现
   答案：B

52. 阀门定位器的最大工作压力一般是_____。
   A. 2.0MPa　　B. 1.2MPa　　C. 0.7MPa　　D. 0.14MPa
   答案：C

三、多选题

1. HART 通信协议参照 ISO/OSI 7 层参考模型，简化并引用了其中的_____层。
   A. 物理层　　B. 数据链路层　　C. 应用层　　D. 控制层　　E. 会话层
   答案：A，B，C

2. HART 通信协议的主要特点为_____。
   A. 不支持多主站通信　　B. 数字信号允许双向通信

C. 能同时进行模拟和数字通信　　　　D. 使用 OSI 模型的 1、2、7 层
E. 使用全双工通信
答案：B，C，D

3. HART 网络中信号发生单元包括_____。
A. 网络电源　　B. 现场仪表　　C. 副主设备　　D. 基本主设备　　E. 辅助设备
答案：B，C，D

4. 在非常稳定的控制系统中，可选用_____，而在程序控制中应选用快开特性的调节阀。
A. 直线特性　　B. 等百分比特性　　C. 快开特性　　D. 抛物线特性　　E. 线性特性
答案：A，B

5. 阀门性能选择要求为_____。
A. 最大流量时，调节阀的开度应在 90％左右
B. 不希望最小开度小于 10％，否则阀芯阀座由于开度太小，受流体冲蚀严重，特性变坏且泄漏量也变大
C. 在正常工作状态下，希望阀的开度控制在 30％～60％范围内
D. 在正常工作状态下，希望阀的开度控制在 0～80％范围内
E. 在正常工作状态下，希望阀的开度控制在 0～60％范围内
答案：A，B，C

6. 调节阀的工作介质温度在 400℃以上，其填料应选用_____。
A. 四氟乙烯　　　　　　　　　　　B. 石棉
C. 石墨　　　　　　　　　　　　　D. 石棉-聚四氟乙烯
E. 聚氯乙烯
答案：B，C

7. 旋转机械状态监测参数有_____。
A. 振动　　B. 位移　　C. 压力　　D. 转速　　E. 温度
答案：A，B，D，E

8. 压缩机调速系统由_____等部件组成。
A. 速度测量探头　　　　　　　　　B. 电子调速器
C. 电液转换器　　　　　　　　　　D. 液压执行器
E. 监测系统
答案：A，B，C，D

9. 压力恢复系数与调节阀的_____有关。
A. 口径　　　　　　　　　　　　　B. 阀芯结构形式
C. 阀的类型　　　　　　　　　　　D. 流体流动方向
答案：B，C，D

10. 在计算液体流量系数时，按三种情况分别计算_____。
A. 非阻塞流　　　　　　　　　　　B. 阻塞流
C. 液体和气体　　　　　　　　　　D. 低雷诺数
答案：A，B，D

11. 调节阀流量系数的计算公式适用的介质是_____。
A. 牛顿型不可压缩流体
B. 牛顿型可压缩流体
C. 牛顿型不可压缩流体与可压缩流体的均相流体

D. 非牛顿型流体

答案：A，B，C

12. 在工程应用中，影响膨胀系数的最主要因素是_____。
    A. 阀内流路的形状　　　　　　　　B. 阀两端压差与入口绝对压力之比
    C. 比热容系数　　　　　　　　　　D. 雷诺数
    答案：B，C

13. 在非常稳定的控制系统中，可选用_____特性调节阀。
    A. 快开　　　　　　　　　　　　　B. 等百分比
    C. 线性　　　　　　　　　　　　　D. 抛物线
    答案：B，C

14. 在温度变送器的电路中采用隔离变压器的包括_____。
    A. 功率放大器与输出电路　　　　　B. 输出回路与反馈回路
    C. 零点调整回路与反馈回路　　　　D. 输出回路和直流-交流-直流变换器
    答案：A，B

15. 对温度变送器的反馈电路的特性描述，正确的是_____。
    A. 量程改变时，反馈特性不必调整
    B. 量程改变时，反馈特性必须调整
    C. 反馈电路的线性化采用非线性反馈电路修正
    D. 反馈电路的线性化采用线性反馈电路修正
    答案：B，C

16. 如果热电偶温度变送器的误差较大，采取的调整步骤包括_____项目。
    A. 输入 0mV 信号，进行零点调整　　B. 输入 100mV 信号，进行量程调整
    C. 零点调整和量程调整反复进行　　D. 输入 3 组信号，计算误差
    答案：A，B，C

17. 1151 差压变送器整机测量电路共有三种，其中 F 型用于微差压变送器，_____。
    A. J 型用于流量变送器　　　　　　B. E 型用于其他变送器
    C. C 型用于高压变送器　　　　　　D. D 型用于低压变送器
    答案：A，B

18. DDZ-Ⅲ型调节器的测量、给定双针指示表进行校验，当测量指针的误差超过规定值时，应调整仪表左侧板的_____。
    A. 机械零点调整器　　　　　　　　B. 电气零点电位器
    C. 机械量程调整器　　　　　　　　D. 量程电位器
    答案：A，D

19. 数字式调节器的特点之一是运算控制功能丰富，有十几种运算，有多个输入输出通道，可对_____信号进行控制。
    A. 模拟　　　　　B. 数字　　　　　C. 状态　　　　　D. 报警
    答案：A，B，C

四、判断题

1. 上位连接系统是可编程控制器主机通过串行通信连接远程输入输出单元，实现远距离的分散检测与控制的系统。
   答案：错误

2. 上位连接系统是可编程控制器通过串行通信接口相互连接起来的系统。

   答案： 错误

3. 下位连接系统是一种自动化综合管理系统。上位机通过串行通信接口与可编程控制器的串行通信接口相连，对可编程控制器进行集中监视和管理，从而构成集中管理、分散控制的分布式多级控制系统。

   答案： 错误

4. 一仪表柜要求充气至100Pa，选用量程为0～200Pa的薄膜压力开关，安装在仪表柜内进行测量，这种测量方法不合理。因为仪表与仪表柜处于同一压力系统中，所以仪表指示始终为零。改进的方法是将压力开关移至仪表柜外，另一办法是将压力测量改为压差测量，把差压表的另一端与大气相通，测出仪表柜的表压。

   答案： 正确

5. 在自控系统中，安全栅处于现场仪表与控制室仪表之间。

   答案： 正确

6. 安全栅与变送器配合使用的叫输出式安全栅。

   答案： 错误

7. 安全栅的接地应和安全保护地相接。

   答案： 错误

8. LB830SR型安全栅非本安侧有4～20mA信号接至记录仪。

   答案： 错误

9. 当危险侧发生短路时，齐纳式安全栅中的电阻能起限能作用。

   答案： 正确

10. 安全栅是保证过程控制系统具有安全火花防爆性能的关键仪表，必须安装在控制室内。它是控制室与现场仪表的关联设备，既有信号传输的作用，又可限制流入危险场所的能量。

    答案： 正确

11. FISCO型安全栅比传统的实体安全栅连接的设备要少。

    答案： 错误

12. LB830S型安全栅非本安侧有1～5V DC信号接至记录仪。

    答案： 错误

13. 对于含固体悬浮颗粒介质或重介质的调节阀宜选用直线特性的调节阀。

    答案： 正确

14. 调节阀经常小开度工作时，宜选用直线特性的调节阀。

    答案： 错误

15. 调节灵敏有效，此时该选等百分比特性的调节阀。

    答案： 正确

16. 用于两位式调节的阀应选择等百分比特性的调节阀。

    答案： 错误

17. 调节灵敏有效，此时该选快开特性的调节阀。

    答案： 错误

18. 用于迅速启闭的切断阀应选择快开特性的调节阀。

    答案： 正确

19. 调节阀的口径选择时，为确保能够正常运行，要求调节阀在最大流量时的开度为90%，最小流量时的开度为 10%。

答案：正确

20. 调节阀的阀芯在强腐蚀性介质中使用，其材质可选用不锈钢。

    答案：错误

21. 调节阀的阀芯在强腐蚀性介质中使用，其材质可选用钛。

    答案：正确

22. 给高温调节阀加盘根时，应该选用石墨填料。

    答案：正确

23. 调节阀阀内件材料的选择依据与被调介质的黏度有关。

    答案：错误

24. 油浆系统的调节阀底盖可选用缠绕钢垫片。

    答案：正确

25. 调节器的输出值随正偏差值增加而减少的称为"正"作用。

    答案：错误

26. 调节器的输出值随正偏差值的增加而减小的称为"反"作用。

    答案：正确

27. 调节器的输出值随测量值增加而增加的称为正作用。

    答案：正确

28. 油浆系统的调节阀底盖可选用四氟乙烯垫片。

    答案：错误

29. 压缩机转速测量原理是用磁性材料做成测量齿轮安装在被测轴上，磁性探头固定；当齿轮转动时，探头与测量齿轮金属面间的距离不断变化，将此变化距离通过仪表转换为电信号。

    答案：正确

30. 压缩机调速系统由速度测量探头、电子调速器、电液转换器和液压执行器等部件组成。

    答案：正确

31. 化肥企业用的压缩机通常选用电磁感应探头来测量速度。

    答案：正确

32. 电液转换器的功能是将调速器的毫伏信号转换为液压执行器的液压信号。

    答案：正确

33. 自适应模型预测控制是指那些变增益的工业过程，如油品调和、pH 控制等过程，需要应用自适应控制的思想来改进多变量模型预测控制器性能。

    答案：正确

34. 电子调速器具有调速控制、启动程序控制、负荷控制和超速保护控制功能。

    答案：正确

35. 精馏塔是一个单输入多输出的过程，变量间互相独立。

    答案：错误

36. 对精馏塔可控干扰变量，可设置相应的流量和温度控制回路，使其保持恒定。

    答案：正确

37. 精馏塔中主要产品在顶部馏出时，一般以塔底温度作为控制指标。

    答案：错误

38. 在精馏塔的塔压波动时，塔板间的温差与成分没有对应关系。
    答案：错误
39. 精馏可在常压、减压及加压下操作，加压可以提高沸点，增加冷量。
    答案：错误

五、简答题

1. 计算机或无纸记录仪中的记录时间间隔和时间标尺是同一个概念吗？
    答案：不是同一个概念。记录时间间隔的含义是指多长时间记录一次，记录时间间隔长，整屏所显示的数据时间段大；记录时间间隔短，整屏所显示的数据时间段小。时间标尺是指记录点在屏幕上显示的疏密。虽然改变记录时间间隔和时标刻度，都可以调整屏上显示曲线的形状，但两者是有区别的。例如记录时间间隔为 2s，则 5min 内可以记录 150 个点。但这 150 个点组成的曲线可以在整屏上显示，即时标为 5min，也可以在半个屏幕上显示，这时时标为 10min。是 5min 还是 10min，由时标键设定。而这 5min 或 10min 内显示的曲线由多少个数据组成，则由记录时间间隔设定。时间间隔短，则同一屏上的点数多，反之，时间间隔长，则点数少。

2. 无纸记录仪的记录时间间隔最短为 1s，最长为 4min，若该记录仪的每个通道的容量为 61440 个数据，则该记录仪的记录数据最长为多少时间？最短为多少时间？
    答案：如果记录仪的记录时间间隔为 1s，则 61440 个数据的记录时间为：$61440 \times 1 = 61440s$，相当于 $61440 \div 3600 = 17.067h$；如果记录仪的记录时间间隔为 4min，则 61440 个数据的记录时间为：$61440 \times 4 = 245760min$，相当于 $245760 \div (60 \times 24) = 170.67$ 天。即在记录表内，如记录时间间隔长，则可看到 170.67 天的历史数据；如记录时间间隔短，则可看到 17.067h 的历史数据。

3. 说明检测端安全栅的构成基本原理。
    答案：检测端的 4～20mA DC 可转换成隔离的并与之成正比的 4～20mA DC 或 1～5V DC 的信号，而且在故障状态下，可限制其电流和电压值，使进入危险场所的能量限制在安全额定值以下。它由直流/交流转换器、整波滤波器、调制器、解调放大器、隔离变压器及限能器等组成。信号的传送与转换过程是，变送器传来的 4～20mA DC 信号由调制器利用直流/交流转换器提供的供电方波调制成矩形波交流信号，该信号经信号隔离变压器进行信号隔离后送至解调放大器，由解调放大器将矩形波信号转换为 4～20mA DC 和 1～5V DC 信号，供安全区域内的仪表使用。限能器的作用是限制流入危险区域的高电压或大电流，将流入危险区域的能量限制在安全额定值以内。

4. 说明操作端安全栅的构成基本原理。
    答案：操作端安全栅由直流/交流转换器、调制器、隔离变压器、解调放大器、整流滤波器和限能器组成。它是将控制仪表送来的 4～20mA 信号由调制器利用直流/交流转换器提供的供电转换为交流方波信号，该信号由信号隔离变压器隔离后送至解调放大器，由解调放大器将此方波信号重新还原为 4～20mA DC 信号，经限能器送至现场。

5. 为防止高电压或大电流进入现场，安全栅有哪些作用？
    答案：安全栅是构成安全火花防爆系统的关键仪表，其作用是：一方面保证信号的正常传输；另一方面控制流入危险场所的能量在爆炸性气体或爆炸性混合物的点火能量以下，以确保系统的安全火花性能。

6. 请画出安全栅接地系统示意图。
    答案：安全栅接地系统示意图如图 5-1 所示。

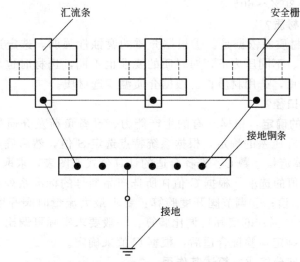

图 5-1　安全栅接地系统示意图

7. 压缩机的放空阀根据生产要求应选用什么调节阀？为什么？

答案：根据生产要求应选用气开式调节阀。因为开车时工艺要求放空阀是关闭的，当放空阀的气源管线堵塞或无气源时，放空阀应处于关闭状态，所以应选用气开式调节阀。

8. 哪些调节阀需要进行流向选择？

答案：需要进行流向选择的主要是单密封类调节阀，如单座阀、角形阀、高压阀、无平衡孔的单密封套筒阀等，需根据工作条件选择某一流向。

9. 调节阀的流量特性是什么？

答案：调节阀的流量特性是指被调介质流过阀门的相对流量与阀门的相对开度（或相对位移）之间的关系，即 $\dfrac{Q}{Q_{max}} = f\left(\dfrac{L}{L_{max}}\right)$，式中相对流量 $\dfrac{Q}{Q_{max}}$ 是调节阀某一开度时的流量 Q 与全开时的流量 Q_{max} 之比，相对开度 $\dfrac{L}{L_{max}}$ 是调节阀某一开度时的阀杆行程 L 与阀杆总行程 L_{max} 之比。

10. 什么是串联管道中的阻力比？它的减少为什么会使理想流量特性发生畸变？

答案：阻力比表示调节阀全开时阀上压差与系统总压差之比。当值等于 1 时，说明系统总压差全部降在调节阀上，所以调节阀在工作过程中，随着阀开度的变化，阀两端的压差是不变的，故工作流量特性与理想流量特性是一致的。当值小于 1 时，系统的总压差一部分降在调节阀，另一部分降在与调节阀串联的管道上。随着阀的开度增大，流量也增加，降在串联管道上的压差增加，从而使降在调节阀上的压差减小，因而流过调节阀的流量也减小。所以随着阻力比值减小，会使理想流量特性发生畸变，阀的开度越大，使实际流量值离开理想值越大。具体来说，会使理想的直线流量特性畸变为快开特性，使理想的等百分比流量特性畸变为直线特性。

11. 阀门选择性能有哪些要求？

答案：一般要求最大流量时调节阀的开度应在 90％ 左右，最大开度过小，说明调节阀选得过大，使得阀经常在小开度下工作，使得可调比缩小，造成调节阀性能的下降和经济上的浪费。一般不希望最小开度小于 10％，否则阀芯、阀座由于开度太小，受流体冲蚀严重，特性变坏，且泄漏量也变大，因此，从控制性能上考虑，在正常工作状态下，希望阀的开度控制在 30%～60%。

12. 如何选择调节阀的材质？

答案：选择调节阀材质的依据是：①根据介质的腐蚀性强弱，选定适用的材料，对强腐蚀介质，不同浓度、不同压力下，对材质的要求也不同，选材时也应加以考虑；②根据气蚀、冲刷是否严重，选用材质；③根据介质温度选材质。

13. 如何确定调节阀的口径？

答案：①计算流量的确定：根据现有的生产能力、设备负荷及介质的状况决定计算流量 Q_{max}、Q_{min}；②计算压差的确定：根据系统特点选定 S 值，然后确定计算压差（阀门全开时压差）；③计算流量系数 C：选择合适的计算公式或图表，求取最大和最小流量时的 C_{max}、C_{min}；④C 值的选取：根据 C 值在所选产品型号的标准系列中，选取大于并最接近 C_{min} 的那一级 C 值；⑤调节阀开度验算：要求最大流量时阀开度不大于 90%，最小流量时开度不小于 10%；⑥实际可调比验算：一般要求实际可调比不小于 10%；⑦阀座直径和公称直径的确定：验证合适后，根据 C 值来确定。

14. 电动执行器由哪几部分组成？简述其作用。

答案：电动执行器主要由伺服放大器和执行器两大部分组成。电动执行器是电动单元组合仪表中的执行单元，是以伺服电动机为动力的位置伺服机构。电动执行器接收调节器来的 0～10mA 或 4～20mV 的直流信号，将其线性地转换成 0～90°的机构转角或直线位移，用以操作风门、挡板、阀门等调节机构，以实现自动调节。

15. 已知标准节流件测流量的基本公式是：$q \approx a\varepsilon A_0 \times (2/\rho)\Delta p$，说明式中各符号的含义。

答案：a 为流量系数；ε 为膨胀系数；A_0 为节流孔面积；ρ 为介质密度；Δp 为节流元件前后压差。

16. 流通能力 K_v、C_v、C 的含义是什么？C_v、K_v 与 C 的关系是什么？

答案：K_v：国际标准（SI）5～40℃的水在阀前后压差为 100kPa 的条件下，每小时流过调节阀的体积。C_v：英制标准 60°F 的水在阀前后压差是 $1lb/in^2$ 的条件下，每分钟流过调节阀的体积。C：国家标准 5～40℃的水在阀前后压差为 $1kgf/cm^2$ 的条件下，每小时流过调节阀的体积。$1C_v = 1.17C$，$1K_v = 1.01C$。

17. 阀门不动作，经查供气压力忽大忽小，试问是什么原因？如何消除？

答案：可能的原因：①供气系统中其他地方用气过多；②减压阀发生故障。消除方法：①增大空气压缩机的流量，改用专用压缩机；②检修减压阀。

18. 调节阀在小开度下工作，容易产生什么后果？

答案：①流速大，冲刷厉害，缩短阀的使用寿命；②流速大，压差高，超过阀的刚度时，阀稳定性差，容易产生振荡；③有时会产生跳跃关或跳跃开现象，甚至无法调节；④对阀芯的密封面有损害。

19. 某流量调节系统，调节阀是对数特性。在满负荷生产时，测量曲线平直；改为半负荷生产时，曲线漂浮，不容易回到给定值。是何原因？怎样才能使曲线在给定值上稳定下来？

答案：对一个好的调节系统来说，其总灵敏度要求是一定的，而整个系统的灵敏度又是由调节对象、调节器、调节阀、测量元件等各个环节的灵敏度综合决定的。满负荷生产时，调节阀开度大，而对数阀开度大时放大系数大，灵敏度高；半负荷生产时，调节阀开度小，放大系数小，灵敏度低。由于调节阀灵敏度降低，致使整个系统灵敏度降低，因而不易克服外界扰动，引起曲线漂浮，所以，改为半负荷生产时，测量曲线漂浮，不易回到给定值。为使曲线在给定值上稳定下来，可适当减小调节器比例度，即增大调节器放大倍数，以保证调节阀小开度时，整个调节系统灵敏度不至于降低。

20. 一台工装 V 形球阀，突然不动作了，如何检查处理？

答案：把带回路调节的切换到手动状态，对调节阀进行检查：打开定位器，拨动挡板看阀门是否动作，如果阀门动作说明阀门没有问题。检查电信号是否为 4~20mA，线路是否断路、绝缘，DCS 卡件是否有信号输出。检查气路是否堵塞：①检查过滤减压器是否堵；②检查放大器；③检查节流孔清洗装置。若有堵塞应进行气路疏通。如果检查气路没有问题，就要考虑阀门是否卡住：打开阀杆连接件，用扳手转动阀芯杆是否动作，如果不动作，确认有异物卡住，需停车隔离并拆下检修。

21. 在控制系统中，控制系统的各种故障的 70% 出自调节阀。请试述调节阀在安装、维护中的注意事项。

答案：①安装前，调节阀和阀门定位器应校验合格（校验内容包括始点偏差、终点偏差、非线性偏差、正反行程偏差），阀门定位器输出不允许有振荡；②安装位置应便于维护，尽可能远离高温、振动、腐蚀的场合；③尽可能垂直安装于水平管道，若确需水平或倾斜安装，应安装支撑；④无手轮控制的调节阀或重要的工艺控制场合，需要设置旁路，并设置截止阀；⑤调节阀流向准确，连接口径不同时需用特制锥形大小头连接；⑥在高压装置中，由于压差大，液体流动会产生空化现象，阀后应加节流降压；⑦日常应对填料密封、阀杆、气路、膜片、气杆、活塞等定期检查；⑧日常维护中一般出现的故障有：有气源信号而调节阀不动作、定位器无输出、气源压力不够、膜片破裂、接头泄漏、阀芯卡住、阀杆螺栓松动。

22. 何谓调节阀的流量系数？它与哪些因素有关？

答案：所谓调节阀的流量系数，是指在调节阀全开时，单位时间内通过调节阀的流体体积或质量。它表明了调节阀根据工艺要求应具有的尺寸大小。从调节阀的流量表达式可知，流过调节阀的流量大小与流体的种类、性质、工况及阀芯阀座的结构尺寸等许多因素有关，因此，表示调节阀的流量系数必须规定一定的条件。流量系数 K 可以定义为：在调节阀前后压差为 100kPa，流体密度为 1000kg/m^3 的条件下，每小时通过阀门的流体量。

23. 角行程电动执行器的安装位置应如何选择？

答案：①执行器一般安装在被调节机构的附近，并便于操作、维护和检修；②拉杆不宜太长；③执行器与调节机构的转臂在同一平面内动作，否则应另装换向器；④安装完毕后，应使执行器手轮顺时针旋转，调节机构关小，反之开大，否则应在手轮旁标明开关方向；⑤执行器安装应保证在调节机构随主设备受热移动时，三者相对位置应不变。

24. 如何选择气动执行机构？

答案：选择执行机构时，主要考虑以下两个因素。①一般标准组合的调节阀所规定的允许压差是否满足工艺操作时阀上压降的要求。在大压差的情况下，一般要计算阀芯所受的不平衡力和执行机构的输出力，使其满足 $F \geqslant 1.1(F_t + F_0)$。式中，$F$ 为执行机构的输出力；F_t 为阀芯所受的不平衡力；F_0 为阀座紧压力，一般按阀全关时 200N 估算，即 $F_0 = 200$N。②执行机构的响应速度是否满足工艺操作的要求。一般应优先选用薄膜执行机构，当薄膜执行机构不能满足上述两项要求时，应选用活塞执行机构。

25. 什么是执行机构的输出力？

答案：执行机构的输出力就是用于克服不平衡力与不平衡力矩的有效力，以 F 表示。根据调节阀不平衡力的方向，执行机构的输出力也相应有两种不同的方向。不论是正作用式还是反作用式的气动薄膜执行机构，其输出力 $\pm F$ 均为信号压力作用在薄膜有效面积上的推力与弹簧的反作用力之差。

26. 角行程执行机构自动调节系统，手动操作正常，投入自动运行，执行机构走向最大或最小，是何原因？

    答案：因为手动操作正常，所以操作器控制电机线没接反，原因可能有两种：①调节器正反作用选错；②伺服放大器接线有误。

27. 角行程电动执行器"堵转"会烧坏电动机吗？为什么？

    答案：一般电动机"堵转"时，定子绕组通过的电流与启动电流一样大，时间长了，因温升过高就会烧坏电动机。但执行器电动机采用加大转子电阻的办法减小启动电流，使其既有一定启动力矩，又能在长期"堵转"时使温升不超过规定值，并且执行器用电动机都有过热保护功能，所以电动执行器"堵转"不会烧坏电动机。

28. DK 执行器中的分相电容起什么作用？损坏时，可能出现什么现象？

    答案：分相电容可以使与之串联的定子绕组上的交流电压与另一定子绕组上的交流电压产生 90°的相位差，从而形成合成的旋转磁场，产生启动力矩，使转子转动。其转动方向则取决于分相电容串联在哪一个定子绕组上。所以分相电容的作用，一是产生启动力矩，二是改变旋转方向。若断路，则合成旋转磁场无法产生，也就没有启动力矩，电机就不会启动。若短路，则电机两绕组同时通入同相电流，电机处于电气制动状态，不会转动。

29. 电信号气动长行程执行机构的三断自锁保护是指什么？

    答案：三断自锁保护是指工作气源中断、电源中断、信号中断时，执行机构输出臂转角仍保持在原来的位置上，自锁时通往上、下汽缸的气路被切断，使活塞不能动作，起到保护作用。

30. 在 DDZ-Ⅲ型调节器中，如何实现自动与手动的切换？为什么？

    答案：硬手动换自动、自动换软手动、软手动换自动以及硬手动换软手动的切换为无平衡无扰动切换；自动和软手动与硬手动的切换为先平衡再无扰动切换。无平衡无扰动切换是由于保持电路的保持特性。先平衡后无扰动切换是由于硬手动的比例运算特点。

31. PMA 或 PMK 调节器如何由本体操作转向硬手操操作？

    答案：首先应转动硬手操上操作旋钮，调整到二个三角灯灭时，即硬手操的输出与本体输出信号一致，就又把硬手操上的切换开关拨至开的位置，这时，旋钮的转动量就是输出量。

32. PMK 调节器的面板上平衡按钮△有什么作用？

    答案：当外部端子 CAS 有外部输入信号时，此时，内给定若要切换到外给定，按下平衡按钮△比较内外给定值，调整其中一个，当两值相等时，可实现设定值（SV）的内外无扰动切换。

33. 三通电磁阀是如何动作的？

    答案：三通电磁阀按动作方式可分为直动式和先导式两种。直动式由线圈吸合动铁芯直接带动截止阀进行气路切换；先导式由线圈吸合动铁芯改变压缩空气流向，通过压缩空气推动截止阀进行气路切换。

34. 一台气动活塞执行机构，带有电气阀门定位器、电磁阀、气源三大件（过滤器、减压阀、油雾器），试画出其配管图。

    答案：其配管图如图 5-2 所示。

35. 调节阀的气开、气关选择原则是怎样确定的？单参数控制系统中，调节器的正、反作用又是如何定的？

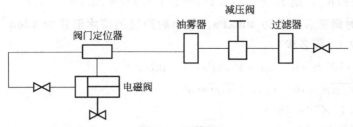

图 5-2 配管图

答案：确定调节阀开关方式的原则是，当信号压力中断时，应保证工艺设备和生产的安全。如阀门在信号中断后处于打开位置，流体不中断最安全，则选用气关阀；如果阀门在信号压力中断后处于关闭位置，流体不通过最安全，则选用气开阀。在一个自动控制系统中，应使调节器、调节阀、对象三个环节组合起来，能在控制系统中起负反馈作用。一般步骤为，首先由操纵变量对被控变量的影响方向来确定对象的作用方向，然后由工艺安全条件来确定调节阀的气开、气关型式，最后由对象、调节阀、调节器三个环节组合后为"负"来确定调节器的正、反作用。

六、计算题

1. 某调节阀制造厂给出的可调比 $R=30$，流量系数 $K_v=200$，泄漏量等级为 Ⅳ 级。现流过此调节阀的介质为常温下的水，阀前后的压差 $\Delta p=100$ kPa（表压）。试求：① 所能控制的最大流量 Q_{max} 和最小流量 Q_{min} 各为多少？② 允许泄漏量为多少？

   答案：① 根据 K_v 的定义，$Q_{max}=200$ m³/h，因为 $R=\dfrac{Q_{max}}{Q_{min}}$，所以 $Q_{min}=\dfrac{Q_{max}}{R}=\dfrac{200}{30}=6.67$ m³/h。

   ② 此阀的额定容量与 K_v 值相等，而 Ⅳ 级的泄漏量为其额定容量的 0.01%，故 $Q=200\times 0.01\%=0.02$ m³/h。

2. 有一等百分比阀，其最大流量为 50 m³/h（标准状态），最小流量为 2 m³/h（标准状态），若全行程为 3cm，那么在 1cm 开度时阀的理想流量为多少？

   答案：可调比为 $R=Q_{max}/Q_{min}=50/2=25$，则阀在 1cm 开度下的流量为：$Q=Q_{max}R^{(\frac{1}{3}-1)}=50\times 25^{(-\frac{2}{3})}\approx 50\times 0.12=6$ m³/h（标准状态）。

3. 有一直线流量特性调节阀，其最大流量为 12 m³/h（标准状态），最小流量为 4 m³/h（标准状态），若全行程为 12mm，那么在 4mm 行程时的流量是多少？

   答案：可调比 $R=Q_{max}/Q_{min}=120/4=30$。在行程为 4mm 时的流量为 $Q=Q_{max}\left[\dfrac{1}{R}+\left(1-\dfrac{1}{R}\right)\dfrac{l}{L}\right]=50\times\left[\dfrac{1}{30}+\left(1-\dfrac{1}{30}\right)\times\dfrac{4}{12}\right]\approx 17.8$ m³/h（标准状态）。

4. 有一等百分比调节阀，其可调比为 32。若最大流量为 100 m³/h（标准状态），那么开度在 4/5 下的流量为多少？

   答案：开度在 4/5 下的流量：$Q=Q_{max}R^{(\frac{l}{L}-1)}=100\times 32^{(\frac{4}{5}-1)}\approx 100\times 0.5=50$ m³/h（标准状态）。

5. 调节阀的流量系数在国外用 C_v 表示，在国内用 K_v 表示，已知某阀的 C_v 值为 100，求其 K_v 值？

答案：$C_v=1.167K_v$，则 $K_v=C_v/1.167=100/1.167\approx 85.69$。

6. 若调节阀全开时阀前后压差为 400kPa，每小时通过的清水流量为 100m³/h，问阀的流量系数 C 为多少？C_v 值多少？

答案：已知 $Q=100\text{m}^3/\text{h}$，$\Delta p=400\text{kPa}$，$r=1\text{gf/cm}^3$。

则：$C=10Q\sqrt{r/\Delta p}=10\times 100\sqrt{1/400}=50$。

$C_v=1.17C=1.17\times 50=58.5$。

C 为 50，C_v 值为 58.5。

第六模块　过程控制系统基本原理知识

一、填空题

1. 当衰减系数 ζ 为 0＜ζ＜1 时，响应曲线以波动的振荡形式出现，具有这种振荡特性的环节称为_____。
   答案：二阶振荡环节

2. 在 PID 调节器中，比例作用方式是依据_____来动作的，在系统中起着稳定被调参数的作用。
   答案：偏差的大小

3. PID 调节器中的 P 表示比例调节，是依据偏差大小来动作的，在自动调节中起_____的作用。
   答案：稳定被调参数

4. PID 调节器中的 I 表示积分作用，是依据偏差是否存在来动作的，在自动调节中起_____的作用。
   答案：消除余差

5. PID 调节器中的 D 表示微分作用，是依据偏差变化速度来动作的，在自动调节中起_____的作用。
   答案：超前调节

6. 调节器的比例度越大，则_____越小，调节作用就越弱，余差越大。
   答案：放大倍数 K_c

7. 设调节器比例系数为 K，则其比例度 $P = 1/K \times 100\%$，比例度越大，说明比例作用_____。
   答案：越弱

8. 微分作用的强弱用微分时间 T_D 来衡量，T_D 越长，说明微分作用_____。
   答案：越强

9. 积分作用的强弱用积分时间 T_I 来衡量，T_I 越长，说明积分作用_____。
   答案：越弱

10. 实现积分作用的反馈运算电路是一组 RC _____，而实现微分作用的反馈运算电路是一组 RC 积分电路。
    答案：微分电路

11. 在反作用调节器回路中，加大调节器放大倍数 K，一旦输入量突变，其输出变化量_____。
    答案：减少越快

12. 调节器放大倍数 K 在数值上等于对象稳定状态时，输出的量与_____之比。
    答案：输入的量

13. 串级控制系统的参数整定是通过改变主、副调节器的参数，来改善控制系统的_____

特性，以求得最佳的控制过程。

答案：静态和动态

14. 调节器参数整定的任务是，根据已定的控制方案，来确定调节器的最佳参数比例度、_____和微分时间，以便使系统获得好的调节质量。

    答案：积分时间

15. 用先比例后加积分的凑试法来整定调节器的参数。若比例度的数值已基本合适，在加入积分作用的过程中，则_____。

    答案：应适当增加比例度

16. 在调节器参数的整定中，临界比例度法特点是不需要求得被控对象的特性，而直接在_____情况下进行参数整定。

    答案：闭环

17. 采用衰减曲线法整定调节器参数时，要求使过程曲线出现_____的衰减为止。

    答案：4:1或10:1

18. 衰减曲线法中，一般在纯比例作用下，改变比例系数使衰减比为_____时，确定计算其PID参数值。

    答案：4:1

19. 采用经验法整定调节器参数的程序是_____，再积分，后微分。

    答案：先比例

20. 常规调节系统的PID参数整定方法有_____、经验凑试法和反应曲线法三种。

    答案：临界比例度法

21. 调节器的三个整定参数分别为_____。

    答案：P、I、D

22. 串接控制系统是将主调节器的输出作为_____的给定。

    答案：副调节器

23. 串接控制系统是将_____的输出作为副调节器的给定。

    答案：主调节器

24. 选择串级控制系统调节器的形式主要是依据工艺要求、_____和干扰特性而定的，一般情况下，主回路常选择PI和PID调节器，副回路选用P和PI调节器。

    答案：对象特性

25. 串级控制系统可以改善主调节器的_____的特性，提高工作频率。

    答案：广义对象

26. 分程控制系统是一个调节器的输出信号去控制_____个调节阀。

    答案：2

27. 设置分程控制系统目的是满足正常生产和事故状态下的_____。

    答案：稳定性和安全性

28. 从系统结构上看，分程控制系统属简单反馈控制系统，但与简单控制系统相比却又有其特点，即调节阀多而且可实现_____。

    答案：分程控制

29. 分程控制系统就是一个调节器同时控制两个或两个以上的调节阀，每一调节阀根据工艺的要求在调节器_____动作。

    答案：输出的信号范围内

30. 采用分程控制来扩大可调范围时，必须着重考虑大阀的_____。

答案：泄漏量

31. 分程控制系统在分程点会产生广义对象_____问题。
    答案：增益突变
32. 前馈控制是根据_____来进行的调节，通常产生静态偏差，需要由负反馈回路克服。
    答案：扰动量
33. 前馈控制系统和反馈控制系统之间的本质区别是前者为_____，后者为闭环控制系统。
    答案：开环控制系统
34. 反馈控制系统是按偏差大小进行调节的，前馈控制系统是按_____进行调节的。
    答案：干扰大小
35. 前馈控制的主要形式有_____，又称简单前馈和前馈-反馈控制两种。
    答案：单纯的前馈控制
36. 前馈控制用于主要干扰_____的场合。
    答案：不可测但可控
37. 单纯的前馈控制是一种能对_____进行补偿的控制系统。
    答案：干扰量的变化
38. 所谓对象的特性，是指被控对象的_____之间随时间变化的规律。
    答案：输出与输入变量
39. 单位阶跃响应曲线可以表示_____，可获取对象的动态参数。
    答案：对象的动态特性
40. 被控对象的输出变量与输入变量之间随时间变化的规律，称为_____。
    答案：对象的特性
41. 在对象的阶跃模型响应曲线上，可以获得对象的动态参数，包括时间常数和_____。
    答案：滞后时间
42. 在对象的特性中，操纵变量至被控变量的信号联系称为_____。
    答案：控制通道
43. 在对象的特性中，干扰变量至被控变量的信号联系称为_____。
    答案：干扰通道
44. 在对象的特性中，由被控对象的输入变量至输出变量的_____联系称为通道。
    答案：信号
45. 如果一个调节通道存在两个以上的干扰通道，从系统动态角度考虑，时间常数_____的干扰通道对被调参数影响显著，时间常数大的调节通道对被调参数影响小。
    答案：小
46. 由于不平衡所引起的振动，其最重要的特点是发生与旋转同步的_____。
    答案：基频振动
47. 自激振动的最基本特点在于振动频率为_____的高次谐波。
    答案：旋转基频
48. 压缩机转速测量原理是用磁性材料做成测量齿轮安装在被测轴上，磁性探头固定；当齿轮转动时，探头与测量齿轮金属面间的_____不断变化，将此变化距离通过仪表转换为电信号。
    答案：距离
49. 压缩机调速系统由_____、电子调速器、电液转换器和液压执行器等部件组成。
    答案：速度测量探头

50. 化肥企业用的压缩机通常选用_____来测量速度。
    答案：电磁感应探头
51. 动态矩阵控制是_____的一种算法，其内部模型采用工程上易于测取的对象阶跃响应做模型。
    答案：预测控制
52. 在动态矩阵控制DMC算法中，操纵变量（MV）是控制器的输出，是独立于任何其他系统变量的变量，作为下一级_____调节器的设定点。
    答案：PID
53. 传递函数为$W(s)=K/(Ts+1)$的环节在单位阶跃输入下的稳态输出为_____。
    答案：K
54. 传递函数为$W(s)=Ks/(Ts+1)$的环节在单位阶跃输入下的稳态输出为_____。
    答案：0
55. 传递函数是用来描述环节或_____的特性。
    答案：自动控制系统
56. 传递函数是在s域内表征_____的关系。
    答案：输入与输出
57. 传递函数是一个系统或一个环节在初始条件为零下，系统或环节的输出拉氏变换式与_____之比。
    答案：输入拉氏变换式
58. 传递函数式应写成$Y(s)=$_____形式。
    答案：$G(s)X(s)$
59. 以偏差$E(s)$为输出量，以给定值$X(s)$或干扰信号$F(s)$为输入量的闭环传递函数称为自动控制系统的_____。
    答案：偏差传递函数
60. 自动控制系统的随动系统的偏差传递函数以_____为输入信号，偏差$E(s)$为输出信号。
    答案：给定值
61. 自动控制系统的定值系统的偏差传递函数以_____为输入信号，偏差$E(s)$为输出信号。
    答案：干扰值
62. 纯滞后环节的特性是当输入信号产生一个阶跃变化时，其输出信号要经过一段_____，才开始等量地反映输入信号的变化。
    答案：纯滞后时间
63. 控制系统的质量与组成系统的四个环节的特性有关，当系统工作一段时间后，环节的特性变化会影响_____。
    答案：控制质量
64. 在二阶有纯滞后的阶跃响应曲线中，通过拐点做曲线的切线，就能够看到一个纯滞后时间和一个时间常数，二者之和为_____。
    答案：滞后时间
65. 纯滞后环节的特征参数是_____。
    答案：滞后时间
66. 二阶纯滞后环节的特征参数有放大倍数、_____和滞后时间。

答案：时间常数

67. 通常用滞后时间和_____来衡量各种运动惯性的大小以及物料传输、能量传递的快慢。
   答案：时间常数

68. 关于方块图的串联运算：由环节串联组合的系统，总传递函数等于_____的乘积。
   答案：各环节传递函数

69. 关于方块图的并联运算：由环节的并联组合的系统，总传递函数等于_____的之和。
   答案：各环节传递函数

70. 系统或环节方块图的基本连接方式有_____和反馈连接三种。
   答案：串联、并联

71. 当衰减系数 $\zeta=0$ 时，二阶振荡环节的响应曲线呈_____。
   答案：等幅振荡

72. 二阶环节阶跃响应曲线的特点是，输入参数在做阶跃变化时，_____速度在 $t=0$ 与 $t\to\infty$ 之间某个时刻达到最大值。
   答案：输出参数的变化

73. 在对象的阶跃模型响应曲线上，可以获得对象的动态参数，包括_____和稳态增益。
   答案：时间常数

74. 表征系统关联程度的参数有_____和相对增益矩阵。
   答案：相对增益

75. 相互关联的系统事实上是_____、多输出的多变量系统。
   答案：多输入

76. 容错（fault tolerant）指具有内部冗余的_____和集成逻辑，当硬件或软件部分故障时，能够识别故障并使故障旁路，进而继续执行指定的功能。
   答案：并行元件

77. 容错系统（fault tolerant system）是指具有_____的硬件与软件系统。
   答案：容错结构

78. 可靠性（reliablity）是指系统在_____内发生的故障的概率。
   答案：规定的时间间隔

79. 压缩机的喘振现象产生的原因是_____。
   答案：流量过小

80. 在所有与机械状态有关的故障征兆中，机械_____测量是最具权威性的。
   答案：喘振

81. 自适应模型预测控制是指那些_____的工业过程，如油品调和、pH 控制等过程，需要应用自适应控制的思想来改进多变量模型预测控制器性能。
   答案：变增益

82. 非线性模型预测控制是指应用的模型预测控制软件包采用的是_____，在碰到内在非线性问题时，必须将其参数整定得以确保在整定操作区域内的稳定性。
   答案：线性模型

83. 自适应控制系统是针对_____的系统而提出来的。
   答案：不确定性

84. 非线性控制系统是一种_____的控制系统，常用于具有严重非线性特征的工艺对象，如 pH 值的控制。

答案：比例增益可变

85. 用数学的方法来描述对象的特性就称为_____。

    答案：对象的数学模型

86. 当对象的数学模型是采用数学方程式来描述时，称为_____，是数学模型的描述方法之一。

    答案：参量模型

87. 数学模型的描述方法，常见的有两种：一种是_____，也称实验测定法；另一种是参量模型，也称分析推导法。

    答案：非参量模型

88. 当对象的数学模型采用曲线或数据表格等来表示时，称为_____，是数学模型的描述方法之一。

    答案：非参量模型

89. 预测控制系统实际上指的是_____在工业过程控制上的应用。

    答案：预测控制算法

90. 模型算法控制的预测控制系统，包含_____、滚动优化、参考轨迹和内部模型等四个计算环节。

    答案：反馈校正

91. 模型预测控制具有的三个基本特征是_____、建立预测模型和误差反馈校正。

    答案：采用滚动优化策略

92. 模糊控制是指以模糊集合论、模糊语言变量及_____为基础的一种计算机数字控制。

    答案：模糊逻辑推理

93. 模糊控制基于专家经验和领域知识总结出若干条模糊控制规则，构成描述具有不确定性复杂对象的_____，通过被调参数输出误差及误差变化和模糊关系的推理合成获得控制量，从而对系统进行控制。

    答案：模糊关系

94. 模糊控制系统一般由模糊控制器、输入/输出接口装置、_____和传感器四部分组成。

    答案：广义对象

95. 智能控制就是具有智能信息处理、智能反馈和智能控制决策的控制方式，把这种以智能为核心的控制论称为_____。

    答案：智能控制论

96. 从智能控制论的观点去解决_____的控制问题而设计的系统，就称为智能控制系统。

    答案：复杂不确定性系统

97. 智能控制包括模糊控制、神经网络控制和_____。

    答案：专家控制

98. 现代控制理论的核心是"模型论"，而智能控制的核心是_____。

    答案：控制决策

99. 智能控制系统的主要功能是组织、_____功能。

    答案：学习和适应

100. 学习功能是指能够对过程或环境的未知特征所固有的信息进行学习，并将得到的经验用于进一步的_____或控制。

    答案：估计分类决策

101. 智能控制系统的主要功能特点是具有_____、适应功能和组织功能。
    答案：学习功能
102. 利用工程技术手段模拟人脑神经网络的结构和功能的一种技术系统，称为_____，它是一种大规模并行的非线性动力学系统。
    答案：神经网络系统
103. 所谓神经网络控制是指在控制系统中采用神经网络这一工具，对难以精确描述的复杂的非线性对象进行建模、优化计算、推理、故障诊断等，以及同时兼有上述某些功能的适当组合，将这样的系统称为基于_____。
    答案：神经网络控制系统
104. 神经网络既善于隐式表达知识，又具有很强的逼近_____函数的能力。
    答案：非线性
105. 神经网络在基于精确模型的各种控制结构中充当_____的作用。
    答案：对象的模型
106. 神经网络在反馈控制系统中直接充当_____的作用。
    答案：控制器
107. 神经网络在传统控制系统中起_____的作用。
    答案：优化计算
108. 神经网络在与其他智能控制方法、优化算法，如模糊控制、专家控制及遗传算法等相融合时，为其提供非参数化对象模型、优化参数、推理模型及_____。
    答案：故障诊断
109. 将专家系统的理论和技术同控制理论方法与技术相结合，在未知环境下，仿效专家的智能，实现对系统进行控制的系统，称为_____。
    答案：专家控制系统
110. 在专家控制系统中，核心组成部分是_____。
    答案：推理机
111. 能够正确描述专家控制系统基本特性的是_____。
    答案：基于知识
112. ERP 是 Enterprise Resources Planning 的缩写，中文名称叫_____系统。
    答案：企业资源计划管理
113. ERP 系统是借助于先进信息技术，以财务为核心，集物流、_____为一体（称三流合一），支撑企业精细化管理和规范化动作的管理信息系统。
    答案：资金流和信息流
114. 现代企业信息管理系统主要包括_____系统、EC 电子商务系统、SCM 供应链管理和 CRM 客户关系管理。
    答案：企业资源计划管理
115. ERP 具有_____、供应链管理和人力资源管理功能。
    答案：管理财务管理
116. MES 主要作用是面向生产过程，连接_____和关系数据库，对生产过程进行过程监视、控制和诊断、单元整合、模拟和优化，并进行物料平衡、调度等操作管理。
    答案：实时数据库
117. MES 主要功能是把_____和企业管理集成一个体系，实施企业和生产优化管理。
    答案：生产过程控制

二、单选题

1. 选择被调参数应尽量使调节通道的_____。
   A. 功率比较大　　　　　　　　　　B. 放大系数适当大
   C. 时间常数适当大　　　　　　　　D. 偏差信号尽量大
   答案：B

2. 选择被调参数应尽量使调节通道_____。
   A. 放大系数适当大、时间常数适当小、功率比较大
   B. 放大系数适当大、时间常数适当小、滞后时间尽量小
   C. 时间常数适当小、滞后时间尽量小、偏差信号尽量小
   D. 滞后时间尽量小、偏差信号尽量小、功率比较大
   答案：B

3. PID调节器变为纯比例作用，则_____。
   A. 积分时间置∞，微分时间置∞　　B. 积分时间置0，微分时间置∞
   C. 积分时间置∞，微分时间置0　　D. 积分时间置0，微分时间置0
   答案：C

4. 某控制系统采用比例积分作用调节器，用先比例后积分的凑试法来整定调节器的参数，若比例度的数值已基本合适，再加入积分作用的过程中，则_____。
   A. 应适当减少比例度　　　　　　　B. 适当增加比例度
   C. 无需改变比例度　　　　　　　　D. 与比例度无关
   答案：B

5. 单回路定值控制系统的静态是指_____。
   A. 调节阀开度为零，调节器偏差为零
   B. 调节器偏差为恒定值，调节阀开度不为恒定值
   C. 调节器偏差为零，调节阀开度为50%恒定
   D. 调节器偏差为零，调节阀开度稳定
   答案：D

6. _____存在纯滞后，但不会影响调节品质。
   A. 调节通道　　B. 测量元件　　C. 变送器　　D. 干扰通道
   答案：D

7. 在控制系统中，调节器的积分作用加强，会使系统_____变坏。
   A. 余差　　　　B. 最大偏差　　C. 稳定性　　D. 超调量
   答案：C

8. 工程连续_____h开通投入运行正常后，即具备交接验收条件。
   A. 24　　　　　B. 48　　　　　C. 72　　　　　D. 96
   答案：B

9. 整个系统经_____合格后，施工单位在统一组织下，仪表专业与其他专业一起，向建设单位交工。
   A. 单体试车　　B. 无负荷试车　　C. 负荷试车　　D. 系统调校
   答案：B

10. 对控制系统的几种说法，错误的是_____。
   A. 对纯滞后大的控制对象，引入微分作用，不能克服其滞后的影响

B. 当调节过程不稳定时，可增大积分时间或加大比例度使其稳定
C. 当调节器的测量值与给定值相等时，即偏差为零时，调节器的输出为零
D. 比例控制过程的余差与调节器的比例度成正比
答案：C

11. 控制系统工作一段时间后，控制质量会变坏，其原因不正确的是_____。
   A. 调节器参数不适应新的对象特性的变化   B. 调节器控制规律选择不对
   C. 检测元件特性的变化   D. 调节阀上的原因
   答案：A

12. 不属于自动控制系统常用的参数整定方法的是_____。
   A. 经验法   B. 衰减曲线法
   C. 临界比例度法   D. 阶跃响应法
   答案：D

13. 用 4∶1 衰减曲线法整定调节器参数时，做出的 4∶1 曲线是在_____条件下获得的。
   A. 手动遥控控制   B. 自动控制纯比例作用
   C. 自动控制比例加积分   D. 自动控制比例加微分
   答案：B

14. 用 4∶1 衰减曲线法整定调节器参数时得到的 T_s 值是_____。
   A. 从调节器积分时间旋钮上读出的积分时间
   B. 从调节器微分时间旋钮上读出的积分时间
   C. 对象特性的时间常数
   D. 4∶1 衰减曲线上测量得到的振荡周期
   答案：D

15. 用临界比例度法寻找等幅振荡曲线时，若看到过渡过程曲线是发散振荡时，则应该_____。
   A. 减小比例度   B. 增加比例度
   C. 比例度不变，加入积分作用   D. 比例度不变，加入微分作用
   答案：B

16. 采用 PI 调节器的控制系统用经验法整定调节器参数，发现在扰动情况下的被控变量记录曲线最大偏差过大，变化很慢且长时间偏离给定值，在这种情况下应_____。
   A. 减小比例度与积分时间   B. 增大比例度与积分时间
   C. 增大比例度，减小积分时间   D. 减小比例度，增大积分时间
   答案：B

17. 如果甲、乙两个调节对象的动态特性完全相同（如均为二阶对象），甲采用 PI 作用调节器，乙采用 P 作用调节器，当比例度的数值完全相同时，甲、乙两系统的振荡程度相比，_____。
   A. 甲系统的振荡程度比乙系统剧烈   B. 乙系统的振荡程度比甲系统剧烈
   C. 甲、乙系统的振荡程度相同   D. 无法分辨
   答案：A

18. 由于微分控制规律有超前作用，因此调节器加入微分作用主要用来_____。
   A. 克服调节对象的惯性滞后、容量滞后和纯滞后
   B. 克服调节对象的纯滞后
   C. 克服调节对象的惯性滞后和容量滞后

D. 克服调节对象的容量滞后

答案：C

19. 一个采用 PI 调节器的控制系统，按 1/4 衰减振荡进行整定，其整定参数有以下四组，最佳整定参数为_____。

   A. 比例度(%)：50，积分时间 T_I(s)：110　　B. 比例度(%)：40，积分时间 T_I(s)：150
   C. 比例度(%)：30，积分时间 T_I(s)：220　　D. 比例度(%)：25，积分时间 T_I(s)：300

   答案：A

20. 对简单控制系统中的 PI 调节器采用临界比例度法进行整定参数，当比例度为 10% 时系统恰好产生等幅振荡，这时的等幅振荡周期为 30s，则该调节器的比例度和积分时间应选_____。

   A. 比例度(%)：17，积分时间 T_I(s)：15　　B. 比例度(%)：17，积分时间 T_I(s)：36
   C. 比例度(%)：20，积分时间 T_I(s)：60　　D. 比例度(%)：22，积分时间 T_I(s)：22.5

   答案：D

21. 以_____为输出量，以给定值 $X(s)$ 或干扰信号 $F(s)$ 为输入量的闭环传递函数称为自动控制系统的偏差传递函数。

   A. 测量值　　B. 偏差值　　C. 被控变量　　D. 稳定值

   答案：B

22. 自动控制系统的随动系统的偏差传递函数以_____为输入信号，偏差 $E(s)$ 为输出信号。

   A. 测量值　　B. 被控变量　　C. 给定值　　D. 干扰值

   答案：C

23. 自动控制系统的定值系统的偏差传递函数以_____为输入信号，偏差 $E(s)$ 为输出信号。

   A. 测量值　　B. 被控变量　　C. 给定值　　D. 干扰值

   答案：D

24. 调节器的比例度越大，则放大倍数_____，比例调节作用越弱。

   A. 越小　　B. 越大　　C. 不变　　D. 增强

   答案：A

25. 调节器的微分时间 T_D 越大，则微分作用_____。

   A. 越弱　　B. 越强　　C. 不变　　D. 无关

   答案：B

26. 积分调节作用能消除_____，因此只要有偏差信号存在，必然有积分作用。

   A. 偏差　　B. 超前　　C. 滞后　　D. 振荡

   答案：A

27. 调节器的积分时间 T_I 越大，则积分作用_____。

   A. 越弱　　B. 越强　　C. 不变　　D. 无关

   答案：A

28. 在调节器参数的整定中，临界比例度法特点是不需要求得被控对象的特性，而直接在_____情况下进行参数整定。

   A. 闭环　　B. 开环　　C. 串级　　D. 单环

   答案：A

29. 衰减曲线法中，一般在纯比例作用下，改变比例系数使衰减比为_____时，确定计算其 PID 参数值。

A. 2∶1　　　　　　B. 3∶1　　　　　　C. 4∶1　　　　　　D. 5∶1
答案：C

30. 采用经验法整定调节器参数的程序是_____。
    A. 先微分，再比例，后积分　　　　B. 先积分，再比例，后微分
    C. 先比例，再微分，后积分　　　　D. 先比例，再积分，后微分
    答案：D

31. 串级控制系统的目的在于通过设置副变量来提高_____的控制质量。
    A. 干扰变量　　　　B. 被控变量　　　　C. 主变量　　　　D. 操纵变量
    答案：C

32. 串级控制系统_____。
    A. 能较快地克服进入主回路的扰动　　　　B. 能较快地克服进入副回路的扰动
    C. 能较快地克服进入主、副回路的扰动　　D. 不能较快地克服进入主、副回路的扰动
    答案：B

33. 在单闭环比值控制系统中，_____是随动的闭环控制回路。
    A. 主流量控制　　　　　　　　　　B. 副流量控制
    C. 主、副流量控制　　　　　　　　D. 主、副流量控制都不控制
    答案：C

34. 在单闭环比值控制系统中，_____是开环控制。
    A. 主流量控制　　　　　　　　　　B. 副流量控制
    C. 主、副流量控制　　　　　　　　D. 主、副流量控制都不控制
    答案：A

35. 双闭环比值控制系统是由_____组成的。
    A. 一个开环和一个闭环控制系统　　B. 一个开环和一个定值控制系统
    C. 一个闭环和一个随动控制系统　　D. 一个定值和一个随动控制系统
    答案：D

36. _____比值控制系统是定值比值控制系统。
    A. 单闭环和双闭环　　　　　　　　B. 单闭环和串级
    C. 双闭环和串级　　　　　　　　　D. 串级
    答案：A

37. 分程控制的输出信号为100%时，其所控的两台调节阀的开度应是_____。
    A. 各开或关一半　　　　　　　　　B. 一台全关或全开，另一台开（关）一半
    C. 两台全开或全关，一台全开或另一台全关　　D. 一台全关，另一台关一半
    答案：C

38. 前馈控制用于主要干扰_____的场合。
    A. 可测又可控　　　　　　　　　　B. 不可测但可控
    C. 可测但不可控　　　　　　　　　D. 不可测又不可控
    答案：B

39. 单纯的前馈调节是一种能对_____进行补偿的控制系统。
    A. 测量与给定之间的偏差　　　　　B. 被调量的变化
    C. 干扰量的变化
    答案：C

40. 所谓对象的特性，是指被控对象的输出变量与输入变量之间随_____变化的规律。

A. 过渡时间　　　　B. 上升时间　　　　C. 滞后时间　　　　D. 时间
答案：D

41. 在对象的特性中，操纵变量至被控变量的信号联系称为_____。
A. 控制通道　　　B. 干扰通道　　　C. 调节通道　　　D. 被控通道
答案：A

42. 在对象的特性中，干扰变量至被控变量的信号联系称为_____。
A. 控制通道　　　B. 干扰通道　　　C. 调节通道　　　D. 被控通道
答案：B

43. 在对象的特性中，由被控对象的输入变量至输出变量的_____联系称为通道。
A. 参数　　　　　B. 信号　　　　　C. 数值　　　　　D. 性质
答案：B

44. 动态矩阵控制 DMC 中，以下对被控变量（CV）描述正确的是_____。
A. 不受调节器控制的可测变量　　　B. 调节器需要调节控制的变量
C. 工艺上需要约束其上下限的变量　　　D. 调节阀的阀位
答案：B

45. 自动控制系统的偏差传递函数，以偏差 $E(s)$ 为输出量，以_____为输入量的闭环传递函数称为偏差传递函数。
A. 给定值和干扰值　　　　　　B. 给定值
C. 干扰值　　　　　　　　　　D. 被控变量
答案：A

46. 纯滞后环节的特性是：当输入信号产生一个阶跃变化时，其输出信号要经过一段_____，才开始等量地反映输入信号的变化。
A. 被控变量　　　　　　　　　B. 控制作用
C. 调节时间　　　　　　　　　D. 纯滞后时间
答案：D

47. 纯滞后环节的特征参数是_____。
A. 过渡时间　　　B. 滞后时间　　　C. 放大系数　　　D. 衰减系数
答案：B

48. 二阶环节阶跃响应曲线的特点是，输入参数在做阶跃变化时，输出参数的变化速度在_____时刻达到最大值。
A. $t=0$　　　　　　　　　　　B. $t \to \infty$
C. $t=0$ 和 $t \to \infty$ 之间某个　　D. $t=0$ 及 $t \to \infty$
答案：C

49. 对安全仪表系统（SIS）隐故障的概率而言，"三选二"和"二选二"相比，_____。
A. 前者大于后者　　　　　　　B. 前者小于后者
C. 前者等于后者　　　　　　　D. 前者可能大于亦可能小于后者
答案：C

50. 安全仪表系统（SIS）的逻辑表决中，"二选一"隐故障的概率_____"一选一"隐故障的概率。
A. 大于　　　　　　　　　　　B. 小于
C. 等于　　　　　　　　　　　D. 可能大于亦可能小于
答案：B

51. 喘振现象不仅和压缩机中严重的气体介质涡动有关，还与_____有关。
   A. 管网 B. 管网与压缩机
   C. 压缩机的流量 D. 入口压力
   答案：C

52. 压缩机的喘振现象产生的原因是_____。
   A. 流量过小 B. 入口压力过大
   C. 出口管网压力过大 D. 出口压力过低
   答案：A

53. 在所有与机械状态有关的故障征兆中，机械_____测量是最具权威性的。
   A. 喘振 B. 位移 C. 转速 D. 相位
   答案：A

54. 随转速的升高，对于不平衡故障是振幅_____。
   A. 增大得很慢 B. 减小得很慢 C. 增大得很快 D. 减小得很快
   答案：C

55. 由于不平衡所引起的振动，其最重要的特点是发生与旋转同步的_____振动。
   A. 基频 B. 二倍频 C. 高次谐波 D. 固有频率
   答案：A

56. 压缩机调速系统的基本功能有_____。
   A. 稳定机组速度，并能根据负荷要求随动调节机组速度
   B. 根据机组特性进行自动开车检查
   C. 能进行超速检查和超速保护，能自动进行解锁控制、协调控制各操纵变量
   D. 以上均是
   答案：D

57. 自适应控制系统是针对_____的系统而提出来的。
   A. 不确定性 B. 不可靠性 C. 不稳定性 D. 无规则性
   答案：A

58. 非线性控制系统是一种比例增益可变的控制系统，常用于具有严重非线性特征的工艺对象，如_____值的控制。
   A. 温度 B. 液位 C. 流量 D. pH
   答案：D

59. 用_____的方法来描述对象的特性就称为对象的数学模型。
   A. 公式 B. 函数 C. 数学 D. 计算
   答案：C

60. 当对象的数学模型是采用数学方程式来描述时，称为_____，是数学模型的描述方法之一。
   A. 非参量模型 B. 参量模型 C. 被测变量模型 D. 干扰变量模型
   答案：B

61. 数学模型的描述方法之一，当对象的数学模型是采用曲线或数据表格等来表示时，称为_____。
   A. 干扰变量模型 B. 参量模型 C. 被测变量模型 D. 非参量模型
   答案：D

62. 模型预测控制具有三个基本特征，即建立预测模型、采用滚动优化策略和_____。

A. 误差反馈校正 B. 最小二乘法辨识模型
C. 开环回路测量 D. 在线调整模型
答案：A

63. _____不属于智能控制。
A. 模糊控制 B. 神经网络控制
C. 自适应控制 D. 专家控制
答案：C

64. 智能控制系统的主要功能是_____。
A. 学习、适应、组织 B. 信息、反馈、控制
C. 学习、反馈、控制 D. 学习、反馈、适应
答案：A

65. 神经网络在基于精确模型的各种控制结构中充当_____的模型。
A. 对象 B. 优化计算 C. 调节器 D. 优化控制
答案：A

66. 神经网络在反馈控制系统中直接充当_____的作用。
A. 对象 B. 优化计算 C. 调节器 D. 优化控制
答案：C

67. 神经网络在传统控制系统中起_____的作用。
A. 对象 B. 优化计算 C. 调节器 D. 优化控制
答案：B

68. 以下能够正确描述专家控制系统基本特性的是_____。
A. 基于模型 B. 基于知识
C. 低速、咨询为主 D. 处理确定信息
答案：B

69. 比例度越大，对调节过程的影响是_____。
A. 调节作用越弱，过渡曲线变化缓慢，振荡周期长，衰减比大
B. 调节作用越弱，过渡曲线变化快，振荡周期长，衰减比大
C. 调节作用越弱，过渡曲线变化缓慢，振荡周期短，衰减比大
D. 调节作用越弱，过渡曲线变化缓慢，振荡周期长，衰减比小
答案：A

70. 积分时间越小，下列描述正确的是_____。
A. 积分速度越小，积分作用越强，消除余差越快
B. 积分速度越大，积分作用越强，消除余差越快
C. 积分速度越小，积分作用越弱，消除余差越慢
D. 积分速度越大，积分作用越弱，消除余差越慢
答案：B

71. 定值控制系统是_____固定不变的闭环控制系统。
A. 测量值 B. 偏差值 C. 输出值 D. 给定值
答案：D

72. 在研究动态特性时可以将_____看作系统对象环节的输入量。
A. 干扰作用 B. 控制作用
C. 干扰作用和控制作用 D. 测量仪表的信号

答案：C

73. 关于控制系统方块图的说法，正确的是_____。
　　A. 一个方块代表一个设备　　　　　　B. 方块间的连线代表的是方块间物料关系
　　C. 方块间连线代表方块间能量关系　　D. 方块间连线只代表信号关系
　　答案：D

74. 在 PI 控制规律中，过渡过程振荡剧烈，可以适当_____。
　　A. 减小比例度　　　　　　　　　　　B. 增大输入信号
　　C. 增大积分时间　　　　　　　　　　D. 增大开环增益
　　答案：C

75. 二阶环节的阶跃响应曲线上存在_____。
　　A. 拐点　　　　B. 滞后　　　　C. 固有频率　　　　D. 衰减系数
　　答案：A

76. 在自动控制系统中，随动系统把_____的变化作为系统的输入信号。
　　A. 测量值　　　　B. 给定值　　　　C. 偏差值　　　　D. 干扰值
　　答案：B

77. 为了防止锅炉汽包在控制信号故障时被烧干，执行器一般选择_____。
　　A. 气开式　　　　　　　　　　　　　B. 气关式
　　C. 气开、气关均可
　　答案：B

78. 分程控制系统中两个阀的信号范围分段由_____实现。
　　A. 控制器　　　B. 电气转换器　　　C. 阀门定位器　　　D. 变送器
　　答案：C

79. 流量控制系统一般采用_____控制规律进行控制。
　　A. 纯比例　　　　　　　　　　　　　B. 比例＋积分
　　C. 比例＋微分　　　　　　　　　　　D. 比例＋积分＋微分
　　答案：B

80. 在 PID 调节中，比例作用是依据_____来动作的，在系统中起着稳定_____的作用；积分作用是依据_____来动作的，在系统中起着_____的作用；微分作用是依据偏差变化速度来动作的，在系统中起着超前调节的作用。
　　A. 偏差大小　　　　　　　　　　　　B. 被调参数
　　C. 偏差是否存在　　　　　　　　　　D. 消除余差
　　E. 稳定参数
　　答案：A，B，C，D

81. 采用经验法整定调节器参数的程序是先_____，再_____，后_____。
　　A. 微分　　　　B. 积分　　　　C. 比例　　　　D. 比例＋积分
　　答案：C，B，A

82. 前馈控制系统和反馈控制系统之间的本质区别是前者为_____，后者为_____。
　　A. 开环控制系统　　　　　　　　　　B. 闭环控制系统
　　C. 串级控制系统　　　　　　　　　　D. 比值控制系统
　　E. 均匀控制系统
　　答案：A，B

83. 如果一个调节通道存在两个以上的干扰通道，从系统动态角度考虑，时间常数_____

的对被调参数影响显著,时间常数_____的对被调参数影响小。
A. 小　　　　　B. 不变　　　　　C. 大　　　　　D. 快　　　　　E. 慢
答案:A,C

84. 现代企业信息管理系统主要包括 ERP _____、EC _____、SCM _____ 和 CRM _____。
A. 企业资源计划管理系统　　　　B. 电子商务系统
C. 生产执行系统　　　　　　　　D. 供应链管理
E. 客户关系管理
答案:A,B,D,E

85. MES 主要功能是把_____和_____集成一个体系,实施企业和生产优化管理。
A. 生产过程　　　　　　　　　　B. 过程控制
C. 企业管理　　　　　　　　　　D. 财务管理
E. 人力管理
答案:A,C

三、多选题

1. 典型的衰减振荡过程的品质指标为_____、振荡周期、过渡时间。
A. 最大偏差　　B. 衰减比　　C. 余差　　D. 最小偏差　　E. 稳定性
答案:A,B,C

2. 引起调节器控制产生振荡的原因可能是_____。
A. 比例度过小　　　　B. 比例度过大　　　　C. 积分时间过小
D. 微分时间过大　　　E. 积分时间过长
答案:A,C,D

3. 调节器参数整定的任务中,根据已定的控制方案来确定调节器_____的最佳数值,可使系统能获得好的调节质量。
A. 比例度　　B. 积分时间　　C. 微分时间　　D. 过渡时间　　E. 偏差
答案:A,B,C

4. 采用 4:1 衰减曲线法确定调节器参数取值为_____。
A. 比例 $1.2\delta_s$ + 积分 $0.5T_s$　　　　B. 比例 $1.5\delta_s$ + 积分 $0.8T_s$
C. 比例 $0.8\delta_s$ + 积分 $0.3T_s$ + 微分 $0.1T_s$　　D. 比例 $0.5\delta_s$ + 积分 $0.1T_s$ + 微分 $0.5T_s$
答案:A,C

5. 调节器 PID 参数整定方法有_____等。
A. 临界比例度法　　B. 衰减曲线法　　C. 反应曲线法　　D. 经验法　　E. 逐步逼近法
答案:A,B,C,D

6. 串级控制系统的参数整定常用的工程整定方法有_____。
A. 逐步逼近法　　B. 两步整定法　　C. 一步整定法　　D. 直接整定法　　E. 三步整定法
答案:A,B,C

7. 串级控制系统可应用于_____的场合。
A. 克服变化剧烈的和幅值大的干扰
B. 时滞较大的对象
C. 容量滞后较大的对象
D. 克服对象的非线性

E. 较复杂控制对象

答案：A，B，C，D

8. 分程控制的作用有_____。

A. 满足调节阀的泄漏量要求　　B. 实现调节阀分程动作

C. 能够扩大使用范围　　D. 实现在分程点广义对象增益的突变问题

E. 能够扩大调节阀的可调比

答案：A，B，C，D

9. 前馈控制系统的特点有_____。

A. 前馈控制是根据干扰作用的大小进行调节的，一般比反馈调节要及时

B. 前馈控制是"开环"控制系统

C. 前馈控制使用的是视对象特性而定的"专用"调节器

D. 一种前馈作用只能克服一种干扰

E. 前馈控制是"闭环"控制系统

答案：A，B，C，D

10. 在对象的阶跃模型响应曲线上，可以获得对象的动态参数，包括_____。

A. 时间常数　　B. 平均时间　　C. 滞后时间　　D. 超前时间　　E. 过渡时间

答案：A，C

11. 根据实践经验的总结发现，除少数无自衡的对象以外，大多数对象均可用_____加以近似描述。

A. 一阶　　B. 二阶　　C. 一阶加纯滞后　　D. 二阶加纯滞后　　E. 纯滞后

答案：A，B，C，D

12. 选择调节参数应尽量使调节通道的_____。

A. 功率比较大　　B. 放大系数适当大

C. 时间常数适当小　　D. 滞后时间尽量小

E. 滞后时间尽量大

答案：B，C，D

13. 在对象的特性中，关于通道的描述正确的是_____。

A. 由被控对象的输入变量至输出变量的信号联系称为通道

B. 操纵变量至被控变量的信号联系称为控制通道

C. 给定变量至被控变量的信号联系称为给定通道

D. 干扰变量至被控变量的信号联系称为干扰通道

E. 由被控对象的输入变量至输出变量的信号联系称为通道

答案：A，B，D

14. 动态矩阵控制中，干扰变量（DV）是不受调节器控制的变量，以下对它的描述正确的是_____。

A. 可测变量　　B. 影响被控变量 CV 的变化

C. 可以预估对 CV 的影响　　D. 抑制 MV 的变化

E. 不能判断

答案：A，B

15. 在 DMC 动态矩阵控制中，建立控制器，以下可以做操纵变量的是_____。

A. FIC10.01.SP　　B. LIC20.09.PV

C. PI21.08.PV　　D. FIC10.05.SP

答案：A，D

16. 关于传递函数的概念，下面叙述正确的是_____。
A. 用来描述环节或自动控制系统的特性
B. 在 s 域内表征输入与输出关系
C. 一个系统或一个环节的传递函数就是在初始条件为零下，系统或环节的输出拉氏变换式与输入拉氏变换式之比
D. 一个系统或一个环节的传递函数就是在初始条件为恒定值下，系统或环节的输出变化量与输入变化量之比
E. 不能判断
答案：A，B，C

17. 传递函数式可以写成如下的_____形式。
A. $Y(s)=G(s)X(s)$ B. $G(s)=Y(s)X(s)$
C. $Y(s)=G(s)/X(s)$ D. $G(s)=Y(s)/X(s)$
E. $G(s)=Y(s)/X(s)$
答案：A，D

18. 二阶有纯滞后环节的特征参数有_____。
A. 放大倍数 B. 固有频率 C. 时间常数 D. 滞后时间 E. 纯滞后时间
答案：A，C，D

19. 通常用_____来衡量各种运动惯性的大小以及物料传输、能量传递的快慢。
A. 过渡时间 B. 滞后时间 C. 放大系数 D. 时间常数 E. 纯滞后时间
答案：B，D

20. 关于方块图的串联运算，由环节串联组合的系统，在下面的叙述中正确的是_____。
A. 它的输入信号为第一个环节的输入
B. 它的输出信号为最后环节的输出
C. 总传递函数等于各环节传递函数之和
D. 总传递函数等于各环节传递函数的乘积
E. 不能判断
答案：A，D

21. 关于方块图的并联运算，由环节并联组合的系统，在下面的叙述中正确的是_____。
A. 把一个输入信号同时作为若干环节的输入
B. 所有环节的输出端连接在一起
C. 总传递函数等于各环节传递函数之和
D. 总传递函数等于各环节传递函数的乘积
E. 不能判断
答案：A，B，C

22. 关于一阶环节的时间常数 T，当输入信号 $X(t)=A$ 时，输出信号 $Y(t)$ 实际上沿其指数曲线上升，那么关于时间常数 T 的测定，下面叙述正确的是_____。
A. 以初始速度恒速上升，当达到稳态值时所用的时间就是时间常数 T
B. 以某时刻速度恒速上升，当达到稳态值时所用的时间就是时间常数 T
C. 当 $Y(t)$ 达到稳定值的 0.618 处，所经历的时间其数值恰好为时间常数 T
D. 当 $Y(t)$ 达到稳定值的 0.632 处，所经历的时间其数值恰好为时间常数 T
E. 不能判断

答案：A，D

23. 系统或环节方块图的基本连接方式有_____。
　　A. 串联　　　　B. 并联　　　　C. 反馈连接　　D. 一字形连接　　E. 三角形连接
　　答案：A，B，C

24. 当衰减系数 ξ 为某个值时，二阶振荡环节为_____。
　　A. 当 ξ＝0.216 时，衰减比为 4∶1 衰减振荡曲线
　　B. 当 ξ＝0 时，响应曲线为等幅振荡曲线
　　C. 当 ξ＜0 时，响应曲线为发散振荡曲线
　　D. 当 ξ＞1 时，响应曲线为衰减振荡曲线
　　E. 当 ξ＞0 时，响应曲线为衰减振荡曲线
　　答案：A，B，C

25. 减少和消除耦合的方法有_____。
　　A. 被控变量与操纵变量之间正确配对　　B. 调节器的参数整定
　　C. 减少控制回路采用串接解耦装置　　　D. 减少静态关联
　　答案：A，B，C，D

26. 先进控制主要特点有_____。
　　A. 与传统的 PID 调节不同，先进控制是一种基于模型的控制策略，如模型预测控制和推断控制等
　　B. 先进控制通常用于处理复杂的多变量过程控制问题，如大时滞、多变量耦合、被控变量与操纵变量存在着各种约束等
　　C. 先进控制的实现需要足够的计算能力作为支持平台
　　D. 滚动优化
　　E. 约束多变量过程的控制问题
　　答案：A，B，C

27. 先进控制主要作用有_____。
　　A. 个别重要过程变量控制性能的改善，主要采用单变量模型预测控制与控制回路构成所谓的"透明控制"的方式
　　B. 约束多变量过程的协调控制问题，主要采用带协调层的多变量预测控制策略
　　C. 质量控制，利用软测量的结果实现闭环的质量卡边控制
　　D. 涉及的主要控制策略有模型预测控制、推断控制、协调控制、质量卡边控制、统计过程控制，以及模糊控制、神经控制等
　　E. 反馈校正
　　答案：A，B，C，D

28. 数学模型的描述方法之一，对象的参量模型可以用描述对象输入、输出关系的_____和差分方程等形式来表示。
　　A. 线性方程　　　　　　　B. 偏微分方程式
　　C. 微分方程式　　　　　　D. 状态方程
　　E. 积分方程式
　　答案：B，C，D

29. 数学模型的描述方法，常见的有_____。
　　A. 非参量模型　　　　　　B. 非测量值模型
　　C. 参量模型　　　　　　　D. 干扰量值模型

E. 被调量值模型

答案：A，C

30. 模型算法控制的预测控制系统，包含_____。

A. 反馈校正　　B. 滚动优化　　C. 参考轨迹　　D. 内部模型　　E. 协调控制

答案：A，B，C，D

31. 模糊控制系统一般由_____组成。

A. 模糊控制器
B. 输入/输出接口装置
C. 广义对象
D. 传感器
E. 执行器

答案：A，B，C，D

32. 模糊控制是指以_____为基础的一种计算机数字控制。

A. 模糊集合论
B. 模糊语言变量
C. 模糊逻辑推理
D. 模糊判别
E. 模糊确认

答案：A，B，C

33. 模糊控制系统可应用于_____。

A. 蒸汽发动机系统，是一个双输入-双输出系统（发动机速度和锅炉压力）
B. 地铁自动驾驶系统
C. 机器人
D. 复杂控制
E. 串级控制

答案：A，B，C

34. 智能控制包括_____系统。

A. 模糊控制
B. 神经网络控制
C. 自适应控制
D. 专家控制
E. 复杂控制

答案：A，B，D

35. 智能控制就是具有_____的控制方式，把这种以智能为核心的控制论称为智能控制论。

A. 智能信息处理
B. 智能反馈
C. 智能控制决策
D. 模糊控制
E. 神经网络控制

答案：A，B，C

36. 智能控制系统的主要功能特点是具有_____。

A. 学习功能　　B. 适应功能　　C. 组织功能　　D. 反馈功能　　E. 控制功能

答案：A，B，C

37. 神经网络在控制中的主要作用是_____。

A. 在基于精确模型的各种控制结构中充当对象的模型
B. 在反馈控制系统中直接充当控制器的作用
C. 在传统控制系统中起优化计算的作用
D. 在与其他智能控制方法、优化算法，如模糊控制、专家控制及遗传算法等相融合时，为其提供非参数化对象模型、优化参数、推理模型及故障诊断等
E. 在生产过程中起监督作用

答案：A，B，C，D

38. 专家控制系统由_____组成。
　　A. 数据库　　　B. 规则库　　　C. 推理机　　　D. 人机接口　　　E. 规划环节
　　答案：A，B，C，D

39. 专家控制系统的特点有_____。
　　A. 高可靠性及长期运行连续性　　　B. 在线控制的实时性
　　C. 优良的控制性能及抗干扰性　　　D. 使用的灵活性及维护的方便性
　　E. 不能确定
　　答案：A，B，C，D

40. ERP系统是借助于先进信息技术，以财务为核心，集_____为一体（称三流合一），支撑企业精细化管理和规范化动作的信息管理系统。
　　A. 物流　　　B. 资金流　　　C. 资源流　　　D. 信息流　　　E. 商务流
　　答案：A，B，D

41. 现代企业信息管理系统主要包括_____。
　　A. ERP（企业资源计划管理系统）　　　B. EC（电子商务系统）
　　C. SCM（供应链管理）　　　D. CRM（客户关系管理）
　　E. DCS（集散控制系统）
　　答案：A，B，C，D

42. ERP管理内容由企业经营活动和管理活动组成，具体管理功能有_____。
　　A. 财务管理　　　B. 供应链管理
　　C. 人力资源管理　　　D. 业务管理
　　E. 生产执行系统
　　答案：A，B，C

43. 制造执行层（MES）具有的主要功能有_____。
　　A. 收集和转换生产控制、生产和经营管理活动中产生的诸多信息，进行转换、加工、传递
　　B. 要完成生产计划的调度与统计、生产过程的成本控制
　　C. 完成产品质量控制与管理、物流控制与管理、设备安全控制与管理
　　D. 生产数据采集与处理
　　E. 财务报表
　　答案：A，B，C，D

44. 关于二阶环节阶跃响应曲线的特点，当输入参数在做阶跃变化时，关于输出参数的变化速度，下面叙述正确的是_____。
　　A. 在 $t=0$ 及 $t \to \infty$ 的时刻，等于零
　　B. 在 $t=0$ 与 $t \to \infty$ 之间某个时刻 t_2，增加到最大
　　C. 在 $t=0$ 及 $t \to \infty$ 的时刻，增加到最大
　　D. 在 $t=0$ 与 $t \to \infty$ 之间某个时刻 t_2，等于零
　　答案：A，B

45. 关于锅炉液位的三冲量控制方案，下面说法正确的是_____。
　　A. 汽包液位是工艺的主要控制指标
　　B. 引入给水流量的目的是为了及时克服给水压力的变化对汽包液位的影响
　　C. 引入蒸汽流量的目的是为了及时克服蒸汽负荷的变化对汽包液位的影响

D. 蒸汽流量是前馈信号

答案：A，B，C，D

四、判断题

1. 当衰减系数 ξ 为 0.632 时，二阶振荡环节的衰减比为 4：1，响应曲线为 4：1 衰减振荡曲线。

   答案：错误

2. 单位阶跃响应曲线可以表示对象的动态特性，可获取对象的动态参数。

   答案：正确

3. 以偏差 $E(s)$ 为输入量，以给定值 $X(s)$ 或干扰信号 $F(s)$ 为输出量的闭环传递函数称为自动控制系统的偏差传递函数。

   答案：错误

4. 自动控制系统的随动系统的偏差传递函数是 $F(s)=0$，只有给定值 $X(s)$ 为输入信号，偏差 $E(s)$ 为输出信号。

   答案：正确

5. 自动控制系统的定值系统的偏差传递函数是以 $F(s)=0$，只有给定值 $X(s)$ 为输入信号，偏差 $E(s)$ 为输出信号。

   答案：错误

6. 调节器的输出大小与输入有关，正作用调节器的输入越大，输出越大；反作用调节器的输入越大，输出越小。

   答案：错误

7. 调节器的比例度越大，则放大倍数越大，比例调节作用越强。

   答案：错误

8. 在调节器中，比例度越大，比例作用越弱。

   答案：正确

9. 调节器的比例度越大，则放大倍数 K_c 越小，调节作用就越弱，余差越大。

   答案：正确

10. 积分作用的强弱用积分时间 T_I 来衡量，T_I 越长，说明积分作用越强。

    答案：错误

11. 实现积分作用的反馈运算电路是一组 RC 微分电路，而实现微分作用的反馈运算电路是一组 RC 积分电路。

    答案：正确

12. 微分作用的强弱用微分时间来衡量，T_D 越长，说明微分作用越弱。

    答案：错误

13. 在 PID 调节中，积分作用在系统中起着消除偏差的作用。

    答案：正确

14. 调节器参数整定的任务，是根据已定的控制方案，来确定调节器比例度、积分时间、微分时间的最佳数值，以便使系统获得好的调节质量。

    答案：正确

15. 两步整定法的原则是"先主后副"，即先整定主调节器参数，后整定副调节器参数，即先将主环投入自动后再投副回路。

    答案：错误

16. 两步整定法：将主调节器直接投运，投运时要求和简单控制系统相同，每一步操作为无扰动切换；副调节器的参数按经验直接设置，主调节器的参数按单回路控制系统进行整定。

    答案：正确

17. 用先比例后加积分的凑试法来整定调节器的参数。若比例度的数值已基本合适，在加入积分作用的过程中，则应适当减少比例度。

    答案：错误

18. 在调节器参数的整定中，临界比例度法的特点是不需要求得被控对象的特性，而直接在闭环情况下进行参数整定。

    答案：正确

19. 采用临界比例度法整定调节器参数时，要求使过程曲线出现 4∶1 或 10∶1 的衰减为止。

    答案：错误

20. 在采用衰减曲线法进行比例作用整定时，应由大到小改变比例度。

    答案：正确

21. 在整定比值控制系统调节器的参数时，可按经验凑试法进行。

    答案：错误

22. 凑试法的关键是"看曲线，调参数"。在整定中，观察到曲线振荡很频繁，需把比例度增大，以减少振荡。

    答案：正确

23. 采用衰减曲线法整定调节器参数时，要求使过程曲线出现 4∶1 或 10∶1 的衰减为止。

    答案：正确

24. 利用经验法整定调节器参数时，其原则是先比例、再微分、后积分。

    答案：错误

25. 串级控制系统的参数整定常用的工程整定方法有逐步逼近法、两步整定法、一步整定法。

    答案：正确

26. 串级控制系统对进入主回路的扰动具有较快、较强的克服能力。

    答案：错误

27. 串级控制系统可以改善主调节器的广义对象的特性，提高工作频率。

    答案：正确

28. 串级控制系统主要应用于对象的滞后时间和时间常数很大、干扰作用强而频繁、负荷变化大、对控制质量要求较高的场所。

    答案：正确

29. 调节器 PID 参数整定方法有临界比例度法、衰减曲线法、经验法和反应曲线法四种。

    答案：正确

30. 串级控制系统的参数整定是通过改变主、副调节器的参数，来改善控制系统的静、动态特性，以求得最佳的控制过程。

    答案：正确

31. 在单闭环比值控制系统中，副流量控制是一个随动闭环控制回路，而主流量控制是一个定值闭环控制回路。

    答案：错误

32. 单闭环比值控制系统的特点是两种物料流量的比值较为精确，实施方便。

    答案：正确

33. 分程控制系统中控制器的输出信号一般可分为 2~4 段，每一段带动一个调节阀动作。
    答案： 正确
34. 系统结构上看，分程控制系统属简单反馈控制系统，但与简单控制系统相比却又有其特点，即控制阀多而且可实现分程控制。
    答案： 正确
35. 分程控制系统就是一个调节器同时控制两个或两个以上的调节阀，每一调节阀根据工艺的要求在调节器输出的信号范围内动作。
    答案： 正确
36. 双闭环比值控制系统不仅能保持两个流量之间的比值，而且能保证总流量不变。
    答案： 正确
37. 在分程控制系统中，各个调节阀的工作范围可以相同，也可以不同。
    答案： 错误
38. 采用分程控制来扩大可调范围时，必须着重考虑大阀的泄漏量。
    答案： 正确
39. 分程控制系统在分程点会产生广义对象增益突变问题。
    答案： 正确
40. 利用阀门定位器不能实现分程控制。
    答案： 错误
41. 前馈控制是按照干扰作用的大小来进行控制的。
    答案： 正确
42. 所谓对象特性，是指被控对象的输出变量与输入变量之间随时间变化的规律。
    答案： 正确
43. 前馈控制用于主要干扰可控而不可测的场合。
    答案： 错误
44. 在控制系统中引入积分作用的目的是消除滞后。
    答案： 错误
45. 在对象的特性中，干扰变量至被控变量的信号联系称为控制通道。
    答案： 错误
46. 在对象的特性中，操纵变量至被控变量的信号联系称为控制通道。
    答案： 正确
47. 所谓对象的特性，是指被控对象的输出变量与输入变量之间的数学关系。
    答案： 正确
48. 在对象的特性中，干扰变量至被控变量的信号联系称为干扰通道。
    答案： 正确
49. 动态矩阵控制是预测控制的一种算法，其内部模型采用工程上易于测取的对象阶跃响应做模型。
    答案： 正确
50. 在动态矩阵控制 DMC 算法中，操纵变量（MV）是调节器的输出，是独立于任何其他系统变量的变量，作为下一级（PID）调节器的设定点。
    答案： 正确
51. 动态矩阵控制中，干扰变量（DV）是调节器需要调节控制的变量，调节的目的是使被控变量（CV）在约束范围之内。

答案：错误

52. 在对象的特性中，由被控对象的输入变量至输出变量的信号联系称为通道。
    答案：正确
53. 动态矩阵控制中，干扰变量（FF）是调节器需要调节控制的变量，调节的目的是使被控变量（CV）在约束范围之内。
    答案：正确
54. 动态矩阵控制 DMC 中，被控变量（CV）是控制器需要调节控制的变量。
    答案：正确
55. 传递函数是在 s 域内表征输入与输出的关系。
    答案：正确
56. 一个系统或一个环节的传递函数就是在初始条件为恒定值，系统或环节的输出变化量与输入变化量之比。
    答案：错误
57. 一个系统或一个环节的传递函数就是在初始条件为零下，系统或环节的输出拉氏变换式与输入拉氏变换式之比。
    答案：正确
58. 传递函数是用来描述环节或自动控制系统的特性。
    答案：正确
59. 传递函数式可以写成 $G(s)=Y(s)X(s)$ 形式，或者 $Y(s)=G(s)/X(s)$。
    答案：错误
60. 纯滞后环节的特性是当输入信号产生一个阶跃变化时，其输出信号要经过一段纯滞后时间，才开始等量地反映输入信号的变化。
    答案：正确
61. 控制系统的质量与组成系统的四个环节的特性有关，当系统工作一段时间后，环节的特性变化会影响控制质量。
    答案：正确
62. 在二阶有纯滞后的阶跃响应曲线中，通过拐点作曲线的切线，只能够得到一个纯滞后时间。
    答案：错误
63. 通常用时间常数和滞后时间来衡量各种运动惯性的大小以及物料传输、能量传递的快慢。
    答案：正确
64. 纯滞后环节的特征参数是超前时间。
    答案：错误
65. 关于方块图的串联运算：由环节串联组合的系统，总传递函数等于各环节传递函数的乘积。
    答案：正确
66. 关于方块图的并联运算：由环节并联组合的系统，总传递函数等于各环节传递函数的乘积。
    答案：错误
67. 二阶纯滞后环节的特征参数有放大倍数、时间常数和滞后时间。
    答案：正确
68. 系统或环节方块图的基本连接方式有串联、并联和反馈连接。

答案： 正确

69. 当衰减系数 ξ 为 $0<\xi<1$ 时，响应曲线以波动的振荡形式出现，具有这种特性的环节称为二阶振荡环节。

    答案： 正确

70. 当衰减系数 ξ 为 $0<\xi<1$ 时，二阶振荡环节的响应曲线呈等幅振荡。

    答案： 错误

71. 当衰减系数 $\xi=0$ 时，二阶振荡环节的响应曲线呈等幅振荡。

    答案： 正确

72. 二阶环节阶跃响应曲线的特点，当输入参数在做阶跃变化时，关于输出参数的变化速度是：在 $t=0$ 初始时刻，变化速度等于零；在 $t=0$ 与 $t\to\infty$ 之间的时刻，变化速度增加；在 $t\to\infty$ 最大时刻，变化速度达到最大。

    答案： 错误

73. 表征系统关联程度的参数有相对增益和相对增益矩阵。

    答案： 正确

74. 相互关联的系统事实上是多输入、多输出的多变量系统。

    答案： 正确

75. 关联的程度与控制系统的设计、被控对象特性、工艺设计条件等无关。

    答案： 错误

76. 对于正关联，应选择相对增益大的那一对被控变量和操纵变量配对。

    答案： 正确

77. 容错（fault tolerant）指具有内部冗余的并行元件和集成逻辑，当硬件或软件部分故障时，能够识别故障并使故障旁路，进而继续执行指定的功能。

    答案： 正确

78. 容错系统（fault tolerant system）是指具有容错结构的硬件与软件系统。

    答案： 正确

79. 可靠性（reliablity）是指系统在规定的时间间隔内发生的故障的概率。

    答案： 正确

80. 非线性模型预测控制是指应用的模型预测控制软件包采用的是线性模型，在碰到内在非线性问题时，必须将其参数整定得以确保在整定操作区域内的稳定性。

    答案： 正确

81. 自适应控制系统是针对不确定性的系统而提出来的。

    答案： 正确

82. 用数学的方法来描述对象的有关参数，称为对象的数学模型。

    答案： 错误

83. 当对象的数学模型是采用数学方程式来描述时，称为被测变量模型，是数学模型的描述方法之一。

    答案： 错误

84. 预测控制系统实际上指的是预测控制算法在工业过程控制上的应用。

    答案： 正确

85. 模型预测控制具有三个基本特征，即建立预测模型、采用滚动优化策略和在线调整模型。

    答案： 错误

86. 数学模型的描述方法，常见的有两种：一种是非参量模型，也称实验测定法；另一种是参量模型，也称分析推导法。

答案： 正确

87. 模型算法控制的预测控制系统，包含反馈校正、滚动优化、参考轨迹和内部模型四个计算环节。

    答案： 正确

88. 模糊自动控制是以模糊集合论、模糊语言变量及模糊逻辑推理为基础的一种计算机数字控制。

    答案： 正确

89. 模糊控制基于专家经验和领域知识总结出若干条模糊控制规则，构成描述具有不确定性复杂对象的模糊关系，通过被调参数输出误差及误差变化和模糊关系的推理合成获得控制量，从而对系统进行控制。

    答案： 正确

90. 信息、反馈和控制，称为控制论的三要素。

    答案： 正确

91. 智能控制就是具有智能信息处理、智能反馈和智能控制决策的控制方式，把这种以智能为核心的控制论称为智能控制论。

    答案： 正确

92. 从智能控制论的观点去解决复杂不确定性系统的控制问题而设计的系统，称为智能控制系统。

    答案： 正确

93. 智能控制包括模糊控制、神经网络控制和专家控制。

    答案： 正确

94. 经典控制的核心是"模型论"，而智能控制的核心是控制决策。

    答案： 错误

95. 模糊控制系统一般由模糊控制器、输入/输出接口装置、广义对象和传感器四部分组成。

    答案： 正确

96. 智能控制系统的主要功能是具有学习、适应和组织功能。

    答案： 正确

97. 学习功能是指能够对过程或环境的未知特征所固有的信息进行学习，并将得到的经验用于进一步的估计、分类、决策或控制。

    答案： 正确

98. 适应功能指智能控制系统可看成是不依赖模型的自适应估计，由于它具有插补功能，从而可以给出合适的输出，甚至当系统某些部分出现故障时，系统也能正常工作。

    答案： 正确

99. 所谓神经网络控制系统是指利用工程技术手段模拟人脑神经网络的结构和功能的一种技术系统，它是一种大规模并行的非线性动力学系统。

    答案： 正确

100. 所谓神经网络控制是指在控制系统中采用神经网络这一工具，对难以精确描述的复杂的非线性对象进行建模、优化计算、推理、故障诊断等，以及同时兼有上述某些功能的适当组合，将这样的系统统称为基于神经网络控制系统。

    答案： 正确

101. 神经网络既善于显式表达知识，又具有很强的逼近非线性函数的能力。

答案：错误

102. 组织功能指智能控制系统对于复杂的任务和分散的传感信息具有自行组织和协调的功能，即智能控制系统可以在任务要求的范围内自行决策、主动地采取行动。
    答案：正确

103. 神经网络在基于精确模型的各种控制结构中充当对象的模型。
    答案：正确

104. 神经网络在反馈控制系统中直接充当控制器的作用。
    答案：正确

105. 神经网络在传统控制系统中起优化控制的作用。
    答案：错误

106. 所谓专家控制系统是指将专家系统的理论和技术同控制理论方法与技术相结合，在未知环境下，仿效专家的智能，实现对系统进行控制。
    答案：正确

107. 在专家控制系统中，核心组成部分是决策控制。
    答案：错误

108. 在专家控制系统中，核心组成部分是推理机。
    答案：正确

109. 专家控制系统由数据库、规则库、推理机和人机接口组成。
    答案：正确

110. 能够正确描述专家控制系统基本特性的是基于模型。
    答案：错误

111. 神经网络在与其他智能控制方法、优化算法，如模糊控制、专家控制及遗传算法等相融合中，为其提供非参数化对象模型、优化参数、推理模型及故障诊断等。
    答案：正确

112. 能够正确描述专家控制系统基本特性的不是基于模型，是基于知识。
    答案：正确

113. HOLLIAS-MACSV 系统现场控制站中的 I/O 模块的设备地址不可以重复。
    答案：正确

114. HOLLIAS-MACSV 系统同一现场控制站内的每一个模块都有自己唯一的站地址号。
    答案：正确

115. HOLLIAS-MACSV 系统热电偶冷端补偿模块 FM192B-CC 用在现场控制站中不需要分配站地址号。
    答案：正确

116. HOLLIAS-MACSV 系统中的"站"包括工程师站、操作员站和现场控制站。
    答案：正确

117. HOLLIAS-MACSV 系统组态软件中，设备组态是在工程中定义应用系统的硬件配置。
    答案：正确

118. HOLLIAS-MACSV 系统服务器算法组态的算法方案中，用到的中间变量需要添加到数据库组态中。
    答案：正确

119. HOLLIAS-MACSV 系统服务器算法组态，必须要先编译方案，再编译站，最后要编译服务器算法工程。

答案：正确

120. HOLLIAS-MACSV 系统图形组态中的动态点，分为动态特性和交互特性。
    答案：正确
121. HOLLIAS-MACSV 系统工程必须进行域组号组态。
    答案：正确
122. HOLLIAS-MACSV 系统数据库总控中生成下装文件之后，系统自动生成控制器算法工程。
    答案：正确
123. HOLLIAS-MACSV 系统的软件主要包括组态软件、操作员站软件、服务器软件和控制站软件。
    答案：正确
124. HOLLIAS-MACSV 系统，POU 类型分为程序型、功能块型和函数型三大类。
    答案：正确
125. HOLLIAS-MACSV 系统，报表从触发角度可以分为实时报表和定时报表。
    答案：正确
126. HOLLIAS-MACSV 系统，变量按照属性分，不包括局部变量。
    答案：正确
127. HOLLIAS-MACSV 系统，不属于 POU 类型的是保留型。
    答案：正确
128. HOLLIAS-MACSV 系统，按照变量有效范围的不同，变量可分为"简单型变量"和"功能块实例"。
    答案：错误
129. HOLLIAS-MACSV 系统 POU 语言类型中 FBD 是指结构化文本。
    答案：错误
130. HOLLIAS-MACSV 系统图形组态中提供系统图形库和用户图形库两个库。
    答案：正确
131. HOLLIAS-MACSV 系统，MACSV 数据总控中，基本编译，联编成功后可以生成控制器算法工程。
    答案：正确
132. HOLLIAS-MACSV 系统，在基本编译成功和服务器控制算法编译之后，可以进行联编。
    答案：正确
133. HOLLIAS-MACSV 系统，数据库组态中物理点的设备号必须和设备组态中的物理点所连接的 I/O 设备的配置地址一致。
    答案：错误
134. HOLLIAS-MACSV 系统，数据库组态时如果用导入的方法生成数据库，那么在 Excel 软件中编辑的数据库基础表，必须要保存文本文件。
    答案：正确
135. CENTUM-CS3000 系统，是由工程师站 CTC、信息指令站 ICS（操作站）、现场控制站 AFM20D、通信门单元 ACG 和双重化通信网络 V-net 构成的。
    答案：正确
136. HOLLIAS-MACSV 系统，数据库组态中物理点的设备号必须和设备组态中的物理点所连接的 I/O 设备的设备地址一致。

答案：正确

137. CENTUM-CS3000 系统，若有一组 DI 卡为冗余配置，则其对应的接线端子排应是冗余配置。

答案：错误

138. CENTUM-CS3000 系统具有开放性、高可靠性、三重网络和综合性强的特点。

答案：正确

139. CENTUM-CS3000 系统 I/O 卡件具备即插即用功能，可以自动辨识卡件类型。

答案：错误

140. CENTUM-CS3000 系统，在分程控制中，SPLIT 模块在投运时需要投自动，并将内部开关 SW 切到 3，才能使两个输出阀输出信号。

答案：正确

141. CENTUM-CS3000 系统中，V-net 网是连接操作站和控制站的实时通信网络，是一个双重化冗余总线，通信方式为令牌通信，通信速率为 10Mbps。

答案：正确

142. CENTUM-CS3000 系统现场控制站的处理器卡上的 START/STOP 开关用于使处理器卡 CPU 暂停或者重新启动。

答案：正确

143. CENTUM-CS3000 系统中，V-net 网用同轴电缆时最大长度为 500m，采用光纤可扩展至 20km。

答案：正确

144. CENTUM-CS3000 系统中，V-net 网上可连接 64 个站，通过总线转换器可扩展到 256 个站。

答案：正确

145. CENTUM-CS3000 系统中的 Ethernet 网是局域信息网，用于连接上位系统与操作站，可进行数据文件和趋势文件的传输，通信速率为 10Mbps。

答案：正确

146. CENTUM-CS3000 系统中，一个控制分组画面最多可以看到 8 个点。

答案：错误

147. 在 CENTUM-CS3000 系统的系统状态总貌窗口中，背景显示为白色的操作站表明该操作站是故障状态。

答案：错误

148. 在 CENTUM-CS3000R3 系统中，最多可以有 16 个域。

答案：正确

149. 在 CENTUM-CS3000R3 系统中，操作员在控制分组画面上不可以将过程点打校验状态操作。

答案：正确

150. 在 CENTUM-CS3000R3 系统中，操作员在控制分组画面上可以进行修改控制模式 MODE 操作。

答案：正确

151. 在 CENTUM-CS3000R3 系统中，系统状态画面显示设备信息为黄色时，表示该设备处于备用状态。

答案：正确

152. 在 CENTUM-CS3000R3 系统中，系统状态画面显示 FCS 上有一红叉时，表示该设备有故障，不能工作。

    答案：正确

153. 在 CENTUM-CS3000 系统中，每个域最多可以定义 32 个站。

    答案：错误

154. 在 CENTUM-CS3000 系统中，节点状态窗口中，如 AI 卡的状态为红色，则表示此卡件处于故障状态。

    答案：正确

155. CENTUM-CS3000 系统中，系统总貌状态窗口里的冗余的控制网的 V-net1 的状态为红色，则表示控制网 1 故障，但系统能正常控制。

    答案：正确

156. CENTUM-CS3000 系统的现场控制站 KFCS 中，最多允许定义 10 个节点单元。

    答案：正确

157. CENTUM-CS3000R3 系统中，现场控制站 FCS 中处理器卡的功能是执行控制计算并监视 CPU 及供电单元。

    答案：正确

158. CENTUM-CS3000 系统的现场控制单元 FCU 中，V 网接口单元上的 RCV 亮时，表示在接收 V 网来的数据，所以正常时该灯处于常亮。

    答案：错误

159. CENTUM-CS3000R3 系统中，现场控制站 FCS 中 V-net 连接单元的功能，是连接 FCU 的处理器卡与 V 网电缆，完成信号隔离与信号传输。

    答案：正确

160. CENTUM-CS3000R3 系统中，现场控制站 FCS 中处理器卡上的指示灯 CTRL 灭时，表示该处理器卡处于备用状态。

    答案：正确

161. CENTUM-CS3000R3 系统中，现场控制站 LFCS 中模拟量单通道 I/O 卡上的指示灯 RDY 亮时，表示该卡硬件正常。

    答案：正确

162. CENTUM-CS3000R3 系统中，现场控制站 KFCS 中模拟量输入卡 AAM10 可以接收的信号是 4～20mA 信号。

    答案：正确

163. TPS 是 Total Plant Solutions System 的缩写，中文为"全厂一体化解决方案"。

    答案：正确

164. 过程网络有万能控制网、数据大道和可编程控制器数据大道三种类型。

    答案：正确

165. 在 TPS 系统操作组画面中按下 [HOURAVG] 键可以显示点的小时平均值。

    答案：正确

166. CENTUM-CS3000R3 系统中，现场控制站 LFCS 中模拟量单通道输入卡 AAM10 可以接收的信号是 0～5V 信号。

    答案：错误

167. TPS 系统中双节点卡件箱的下节点有 3 个槽位，上节点有 2 个槽位。

答案：正确
168. TPS 系统中运行 GUS 作图软件 DISPLAY BUILDER，如定义变量，使其在流程图上的所有脚本内有效，这样的变量应该定义为全局变量。
    答案：正确
169. 在 TPS 系统中，自定义键文件被修改且重新编译后需要换区后才会起作用。
    答案：正确
170. 在 TPS 系统中，只有在串级模式下，初始化功能才会有用。
    答案：错误
171. 在 TPS 系统中，每个历史组最多可以包含 20 个参数。
    答案：正确
172. 在 TPS 系统中，每个操作区最多可包含 400 个操作组。
    答案：正确
173. 在 TPS 系统中，报表分为自由格式报表和标准报表。
    答案：正确
174. 在 TPS 系统中，I/O 点没有输入连接，也没有输出连接。
    答案：正确
175. TPS 系统中的网络类型有工厂控制网络、TPS 过程网络和过程控制网络三种形式。
    答案：正确
176. TPS 系统中，控制网络的通信协议是 MAP，其通信速率为 5Mbps。
    答案：正确
177. TPS 系统 LCN 上最多可有 20 个 HM，一条 LCN 上的所有卷名和目录名都能重复。
    答案：错误
178. TPS 系统中，控制网络的通信协议是 MAP，其通信速率为 10Mbps。
    答案：错误
179. TPS 系统 LCN（Local Control Network）上最多可有 20 个 HM，一条 LCN 上的所有卷名和目录名不能重复。
    答案：正确
180. TPS 系统 LCN 采用同轴电缆连接。
    答案：正确
181. TPS 系统 LCN 通信机制是以太网。
    答案：错误
182. TPS 系统 NIM 在 LCN 网上的地址设定在 K4LCN 板上。
    答案：正确
183. TPS 系统中修改 LCN 时钟源，在 NCF 上在线模式就可以进行。
    答案：正确
184. TPS 系统中，如果两条 LCN 都断掉，会造成整个 LCN 网瘫痪。
    答案：错误
185. TPS 系统一条 LCN 网络最多可以挂 64 个 LCN 节点。
    答案：正确
186. TPS 系统一条 LCN 上最多可有 20 条 UCN。
    答案：正确
187. TPS 系统 UCN 是 Universal Control Network 的缩写，中文叫万能控制网。

答案：正确

188. TPS 系统一条 LCN 上只能有一个 HM。
    答案：错误
189. TPS 系统一条 UCN 网络最多可以挂 64 对 UCN 节点。
    答案：错误
190. TPS 系统，HPMM 由控制/通信处理器、I/O 连接处理器和 UCN 接口模块组成。
    答案：正确
191. TPS 系统一个 HPM 最多带 40 对输入输出处理器卡。
    答案：正确
192. TPS 系统 HPM 中可以容纳的点的数量，只决定于占用的 PU 的数量。
    答案：错误
193. TPS 系统 NIM 在 UCN 网上的地址设定是在 MODEM 板上进行的。
    答案：正确
194. TPS 系统 HM 通电后要将 HM 的历史采集状态设为 ENABLE 才能采集历史数据。
    答案：正确
195. TPS 系统 HPM 的性能由 PU 来衡量。
    答案：正确
196. TPS 系统 HPM 的内存容量用 MU 来测算。
    答案：正确
197. TPS 系统中，若用户希望保存当前运行系统的控制组态参数，则可以对系统作 SAVE-CHECKPOINT 工作。
    答案：正确
198. TPS 系统控制组态中，如果有手控阀需要组态，可用 AO 算法和 AUTO/MAN Station（自动/手动站）算法实现。
    答案：正确
199. TDC3000 系统中，同一区域数据库可以在不同的操作站上同时运行。
    答案：正确
200. TDC3000 系统中，当存在多对 HM 节点时，其系统文件应分别放在不同的节点上。
    答案：错误
201. 在 TPS 系统中半点 AO 不可以组态五段线性的功能。
    答案：错误
202. TDC3000 系统中，当存在多对 HM 节点时，其系统文件应只能放在节点对 01 上。
    答案：正确
203. TDC3000 系统中，若增加历史组数量，则必须对 HM 节点进行格式化处理。
    答案：正确
204. DCS、PLC 有单独的输入输出系统接线图设计内容。
    答案：正确
205. DeltaV 的三种组态，用控制语言可以在一个控制模块中混合使用。
    答案：正确
206. 在 DeltaV 系统中 SCADA 标签占用 DST 授权。
    答案：错误
207. TDC3000 系统中，MCF、WF 是经过修改后未安装的工作文件，安装后便不存在了。

208. 在DeltaV系统中定义的模块扫描速度和FF总线的宏循环时间无关。
    答案：正确
209. 在DeltaV系统总线配置中PID块必须在总线设备上执行。
    答案：错误
210. DeltaV系统组合块可以链接使用，也可以嵌入使用。
    答案：正确
211. 当修改了原始模板的结构后，DeltaV系统会自动更新它嵌入的块。
    答案：错误
212. 在DeltaV系统中通过设置条件报警，可以消除不必要的干扰引起的报警。
    答案：正确
213. 在DeltaV系统运行时，可以在线对后备调节器系统程序升级。
    答案：正确
214. FF和HART设备可以直接向DeltaV系统报告工作状态，而不通过AMS。
    答案：正确
215. DeltaV系统HI卡不具备LAS功能。
    答案：错误
216. DeltaV模块命名必须至少包含一个字母符号。
    答案：正确
217. DeltaV系统HI卡具备LAS功能。
    答案：正确
218. DeltaV系统支持12种可能的报警优先级别划分。
    答案：正确
219. DeltaV软件支持的组态方法有功能块、顺序功能图和结构化文本。
    答案：正确
220. DeltaV控制器模块最快扫描速度是80ms。
    答案：错误
221. DletaV系统中模块命名最多16个字符。
    答案：正确
222. 每块DeltaV控制器最多带32块输入输出卡件。
    答案：错误
223. 每个DeltaV控制器最大DST数量是750。
    答案：正确
224. DeltaV Operate应用有配置模式和运行模式两种模式。
    答案：正确
225. 允许DeltaV操作员站直接连接到工厂级LAN网。
    答案：错误
226. DeltaV控制网络是一个专用于DeltaV的以太网LAN。
    答案：正确
227. DeltaV Local Bus总长度不能超过6.5m。
    答案：正确
228. DeltaV控制网络节点能力最大80个。

答案：错误

229. DeltaV 系统 HI 卡 H1 网段中的设备为链路主设备。
    答案：正确
230. DeltaV 系统中可以修改库中的模块模板。
    答案：正确
231. DeltaV 系统中 AI 的 DST 授权可以用于 AO 的 DST 授权。
    答案：错误
232. DeltaV 控制网络是一根通用以太网 LAN。
    答案：错误
233. DeltaV 系统中 DI 的 DST 授权可以用于 DO 的 DST 授权。
    答案：错误
234. DeltaV 系统中 AI 的 DST 授权可以用于 DO 的 DST 授权。
    答案：正确
235. DeltaV 系统中 DO 的 DST 授权可以用于 AO 的 DST 授权。
    答案：错误
236. DeltaV 系统中 DST 的使用可以在主工程师站中查看。
    答案：正确
237. LonWorks 总线协议区别于其他协议的重要特点，是它提供了 OSI 模型的全部 5 层服务。
    答案：错误
238. 对安全仪表系统（SIS）隐故障的概率而言，"三选二"（2oo3）和"二选二"（2oo2）相比，前者大于后者。
    答案：错误
239. 安全仪表系统（SIS）的逻辑表决中，"二选一"（1oo2）隐故障的概率大于"一选一"（1oo1）隐故障的概率。
    答案：错误
240. 对安全仪表系统（SIS）的显故障的概率而言，"二选一"（1oo2）和"二选二"（2oo2）相比，前者小于后者。
    答案：正确
241. 对安全仪表系统（SIS）的显故障的概率而言，"三选二"（2oo3）和"二选二"（2oo2）相比，前者大于后者。
    答案：正确
242. ERP 是 Enterprise Resources Planning 的缩写，中文名称叫企业信息管理系统。
    答案：错误
243. 现代企业信息管理系统主要包括 ERP（企业资源计划管理系统）、EC（电子商务系统）、SCM（供应链管理）和 CRM（客户关系管理）。
    答案：正确
244. ERP 具有管理财务管理、供应链管理和人力资源管理功能。
    答案：正确
245. MES 主要作用是面向生产过程，连接实时数据库和关系数据库，对生产过程进行过程监视、控制和诊断、单元整合、模拟和优化，并进行物料平衡、调度等操作管理。
    答案：正确

246. ERP系统是借助于先进信息技术，以财务为核心，集物流、资金流、信息流为一体（称三流合一），支撑企业精细化管理和规范化动作的管理信息系统。

答案：正确

247. MES的主要功能是把生产过程控制和企业管理集成一个体系，实施企业和生产优化管理。

答案：正确

248. 安全仪表系统（SIS）故障有两种：显性故障和隐性故障（安全故障）。

答案：正确

249. 工艺过程对安全功能的要求越高，安全仪表系统（SIS）按要求执行指定功能的故障概率（PFD）应该越大。

答案：错误

250. 安全仪表系统（SIS）可对生产过程进行自动监测并实现安全控制。

答案：正确

251. 安全仪表系统（SIS）在开车、停车过程中出现工艺扰动以及正常维护操作期间，能对人的健康、生产装置和环境提供安全保障。

答案：正确

252. 安全仪表系统（SIS）不同于批量控制、顺序控制及工艺过程控制的工艺联锁，当过程变量（如温度、压力、流量、液位等）超限，机械设备故障、系统本身故障或能源中断时，安全仪表系统能自动完成预先设定的动作，使其处于安全状态。

答案：正确

五、简答题

1. 在PID控制系统中，"干扰"是不可预测和不可完全抑制的，但是对系统的破坏作用是可以控制的，这句话是什么意思？

答案："干扰"伴随系统被调参数检测值而来，由于"干扰"具有不可测量性，因而是无法抑制其对系统作用的，但采用闭环系统就可以控制其对系统的破坏作用。

2. 自动控制系统中，P、I、D参数整定后，若给定参数未发生变化，而系统却出现了扰动。试问：①控制系统的什么将随之发生变化？②如果系统无能力调节，是哪些环节有问题？

答案：①控制系统的P输出信号发生变化，带动执行机构动作；②若系统在P输出达到极限值时而无能力调节，其可能原因：一是调节机构（阀门或执行器有问题），二是被调参数的关联参数（如压力、温度等）超出原设计要求值，使调节阀满足不了要求。

3. 控制系统投运中，PID参数是如何整定的？

答案：①根据被控对象选择合适的调节方式，一般压力、流量调节用PI调节器，温度调节用PID调节器；②保证整个控制系统处于负反馈状态，确定调节器的正反作用；③在整定时，系统会给出一个系统默认的参数，在此基础上修改各参数，一般先比例后积分再微分，反复调试直至满意；④调试时观察相应控制点的历史曲线，衰减比为4∶1时较理想。

4. 试述用衰减曲线法进行调节器PID参数整定的具体步骤。

答案：衰减曲线法是通过使系统响应产生衰减振荡曲线，测出衰减振荡曲线的特征参数来计算系统的PID参数。具体方法如下：在闭环负反馈回路系统中，将调节器调为纯比例P作用（将T_I调为无穷大位置，T_D放在0位置上）；将比例度P放在最大位置上，用改变给定值（用阶跃信号）方式，使调节器得到一个阶跃的偏差信号，观察系统响应曲线的衰减比，然后从大到小调节比例度，直到系统响应曲线的衰减比为 4∶1；记下此时的比例度 δ_s、衰减周期 T_s，然后根据表 6-1 计算 PID 参数。

表 6-1　4∶1 衰减曲线法下调节器参数计算公式

控制作用	比例度 δ_s/%	积分时间 T_I/min	微分时间 T_D/min
P	δ_s		
PD	$1.2\delta_s$	$0.5T_s$	
PID	$0.8\delta_s$	$0.3T_s$	$0.1T_s$

在现实工作中，若嫌用 4∶1 整定法下的系统振荡太强，也可以按 10∶1 衰减比来整定，按照 4∶1 的方法，可同样得到比例度和衰减周期 T_s，按照表 6-2 计算出 PID 参数。

表 6-2　10∶1 衰减曲线法下调节器参数计算公式

控制作用	比例度 δ_s'/%	积分时间 T_I/min	微分时间 T_D/min
P	δ_s'		
PD	$1.2\delta_s'$	$2T_s$	
PID	$0.8\delta_s'$	$1.2T_s$	$0.4T_s$

5. 在实际工作中，采用衰减曲线法整定调节器参数应该注意什么？

答：在实际工作中，采用衰减曲线法整定调节器参数应该注意：①加干扰阶跃信号不宜过大，要根据工艺过程容许波动情况而定，一般考虑 5%～10% 为宜；②应该在工艺过程工况相对稳定下，进行整定，否则测出的衰减振荡曲线的特征参数不准确；③4∶1 衰减曲线法整定参数是比较普遍采用的方法，一般情况下的各种过程参数控制系统都采用，但变化快、干扰频繁发生的系统不宜采用此方法。

6. 试述用经验凑试法进行调节器 PID 参数整定的具体步骤。

答：经验凑试法就是通过长期实践工作总结出来的一种用"拼""凑""试"的办法来整定 PID 参数，是实际工作中主要采取的方法。具体方法是：直接在闭环负反馈回路系统中，通过改变给定值施加干扰，在记录仪或实时记录趋势上观察系统响应曲线（系统过渡过程曲线），按照顺序，逐个调整比例度 δ_s、积分时间 T_I、微分时间 T_D 大小，直到系统过渡过程曲线相关参数达到满意结果。在采用经验凑试法整定 PID 参数时，对于流量作用来说，对象滞后时间小，参数有波动，系统灵敏，选用比例度大一些，积分时间小一些，不用微分，比例度为 40%～100%，积分时间为 0.3～1min；对于温度来讲，对象滞后时间大，则比例度可以小一些，为 20%～60%，积分时间大一些，为 3～10min。加入微分作用，微分时间可在 0.5～3min 选择；对于压力对象，滞后时间适度，不用加入微分作用；对于液位来说，滞后时间范围宽，要求不高，直接选用比例作用即可。经验凑试法 PID 参数整定有两个步骤：先用比例作用凑试，待系统过渡过程曲线达到 4∶1（或者 10∶1）后，再加入积分作用消除余差，最后，加入微分作用提高系统控制品质。凑试过程是一项缓慢、反复的过程，一定是在工艺过程容许的情况下进行的。先按调节器 PID 参数经验数据表中给出的范围，把 T_I 确定下来，需要加入微分的按 $(1/3～1/4)T_I$ 取数。然后，对比例度凑试，比例度从大到小改变，直到系统过渡过程曲线达到满意结果。

7. 简述用试凑法整定调试参数的步骤。

答案：试凑法整定调试参数的步骤是：①先用比例 P，再用积分 I，最后再加微分 D；②调试时，将 P 参数置于影响最小的位置，即 P 最大，I 最大，D 最小；③按纯比例系统整定比例度，使其得到比较理想的调节过程曲线，然后再把比例度放大 1.2 倍左右，将积分时间从大到小改变，使其得到较好的调节过程曲线；④最后在这个积分时间下重新改变比例度，再看调节过程曲线有无改善；⑤如有改善，可将原整定的比例度减少，改变积分时间，这样多次的反复，就可得到合适的比例度和积分时间；⑥如果在外界的干扰下系统稳定性不好，可把比例度和积分时间适当增加一些，使系统足够稳定；⑦将整定好的比例度和积分时间适当减小，加入微分作用，以得到超调量较小、调节作用时间较短的调节过程。

8. 某串级控制系统采用两步整定法进行调节器参数整定，测得 4∶1 衰减过程的参数为：$\delta_{1s}=8\%$，$T_{1s}=100s$，$T_{2s}=10s$，$\delta_{2s}=40\%$。已知主调节器选用 PID 控制规律，副调节器选用 P 控制规律。试求主、副调节器的参数值为多少？

答案：根据控制系统的 4∶1 衰减曲线法整定参数的计算表（表 6-1），计算出：①主调节器的参数值为 $\delta_1=0.8\delta_{1s}=0.8\times 8\%=6.4\%$，$T_{I1}=0.3T_{1s}=0.3\times 100=30s$，$T_{D1}=0.1T_{1s}=0.1\times 100=10s$；②副调节器参数值为 $\delta_2=\delta_{2s}=40\%$。

9. 试述串级控制系统的投运步骤。

答案：投运步骤是：①将主、副调节器都放在手动位置，主调节器采用内给定方式，副调节器采用外给定方式；②把主调节器的手动输出调整为合适的数值。当工况比较平稳后，把副调节器切入自动；③通过主调节器的手动遥控，当测量值接近给定值并比较平稳后，把主调节器切入自动。

10. 串级控制系统中，副回路要考虑哪些因素？

答案：副回路要考虑的因素：①主、副变量间应有一定的内在联系，要使系统的主要干扰被包围在副回路内；②在可能的情况下，应使副环包围更多的次要干扰；③副变量的选择应考虑到主、副对象时间常数的匹配，以防"共振"的发生；④当对象具有较大的纯滞后而影响控制质量时，选择副变量应使副环尽量少包含纯滞后或不包含纯滞后。

11. 串级控制系统中，控制规律应怎样选择？

答案：①串级控制系统的目的是为了高精度地稳定主变量，对主变量要求较高，一般不允许有余差，所以主调节器一般选择 PI 控制规律；当对象滞后较大时，也可引入适当的 D 作用。②串级控制系统对副变量的要求不严，在控制过程中，副变量是不断跟随主调节器的输出变化而变化的，所以副调节器一般采用 P 控制规律，必要时引入适当的 I 作用。

12. 在串级回路中的模块连接时，为什么要有"跟踪线"？

答案：用 PM 实行串级控制，用一次 PID 控制块和二次 PID 控制块，要达到串级时平衡无扰动切换，就要让一次块的输出跟踪二次块的给定，这就是设置"跟踪线"的原因。

13. 某反应釜内进行放热反应，釜温过高会发生事故，因此用夹套水来冷却。由于釜温控制要求较高，且冷却水压力、温度波动较大，控制系统如图 6-1 所示。试问：①这是什么类型的控制系统？请说明其主变量和副变量是什么？②选择调节阀的气开、气关型式？③如何选择调节器的正、反作用？④若主要干扰是冷却水的温度波动，试简述其控制过程。⑤若主要干扰是冷却水压力波动，试简述其控制过程。

答案：①这是串级控制系统。主变量是釜内温度 T_1，副变量是夹套温度 T_2。②为了在

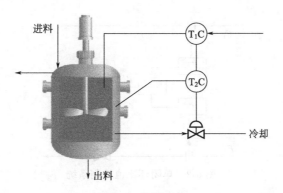

图 6-1 控制系统

气源中断时保证冷却水继续供应，以防止釜温过高，故调节阀应采用气关阀，为负方向。③主调节器 T_1C 的作用方向可以这样来确定：由于主、副变量（T_1、T_2）增加时，都要求冷却水的调节阀开大，因此主调节器应为"反"作用，副调节器的作用方向可按简单控制系统（单回路）的原则来确定。由于冷却水流量增加时，夹套温度 T_2 是下降的，即副对象为负方向。已知调节阀为气关阀，故调节阀 T_2C 应为"反"作用。④若主要干扰是冷却水温度波动，整个串级控制系统的工作过程是这样的：设冷却水的温度升高，则夹套内的温度升高，由于 T_2C 为反作用，故其输出降低，因而气关阀的阀门开大，冷却水流量增加以及时克服冷却水温度变化对夹套温度 T_2 的影响，因而减少以致消除冷却水温度波动对釜内温度 T_1 的影响，提高了控制质量。若这时釜内温度 T_1 由于某些次要干扰（如进料流量、温度的波动）的影响而波动，该系统也能加以克服。设 T_1 升高，则反作用的 T_1C 输出降低，因而使 T_2C 的给定值降低，其输出也降低，于是调节阀开大，冷却水流量增加以使釜内温度 T_1 降低，起到负反馈的控制作用。⑤若主要干扰是冷却水压力波动，整个串级控制系统的工作过程是这样的：设冷却水压力增加，则流量增加，使夹套温度 T_2 下降。输出增加，调节阀关小，减少冷却水流量以克服冷却水压力增加对 T_2 的影响。这时为了及时克服冷却水压力波动对其流量的影响，不要等到 T_2 变化时才开始控制，可改进原方案，采用釜内温度 T_2 与冷却水流量 F 的串级控制系统，以进一步提高控制质量。

14. 锅炉送风、引风机联动控制系统的联锁条件是什么？

答：联锁条件是：①运行中的引风机（或送风机）中有一台停运时，应自动关闭其相应的入口导向装置，以防止短路；但是，运行中的一台引风机（或送风机）或两台运行中的引风机（或送风机）均应停止时，不得关闭其入口导向装置。②运行中的唯一一台引风机停止运行时，应自动停止送风机的运行。

15. 图 6-2 为一单闭环比值控制系统，试问：①系统中为什么要加开方器？②为什么说该系统对主物料来说是开环的？而对从物料来说是一个随动控制系统？③如果其后续设备对从物料来说是不允许断料的，试选择调节阀的气开、气关型式；④确定 FC 调节器的正、反作用。

答：①因为节流装置的输出压差信号是与流量的平方成比例的，加开方器后，可使其输出信号与流量成线性关系。②由于主物料只测量，不控制，故是开环的。从物料的流量调节器 FC 的给定值是随主物料的流量变化而变化的，要求从物料流量亦随主物料流量变化而变化，故为随动控制系统。③调节阀应选气关式。④调节器应选正作用。

16. 画出单闭环比值控制系统方块图。

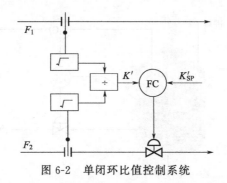

图 6-2 单闭环比值控制系统

答案：单闭环比值控制系统方块图见图 6-3。

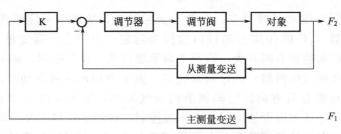

图 6-3 单闭环比值控制系统方块图

17. 图 6-4 为一控制系统示意图，F_1、F_2 分别为 A、B 物料的流量，试问：①这是一个什么控制系统？②主物料和从物料分别指什么？③如 A、B 物料比值要求严格控制，试确定调节阀的气开、气关型式；④确定调节器的正、反作用；⑤对物料 B 来说，是定值系统还是随动系统？；⑥如果 A、B 物料流量同时变化，试说明系统的控制过程。

    答案：①是一个双闭环比值控制系统。②主物料是 A，从物料是 B。③两调节阀都应选气开式。④两调节器都应选反作用。⑤B 物料的控制系统是随动系统。⑥如 B 物料流量增加，F_2C 输出降低，调节阀关小，以稳定 B 物料的流量。如 A 物料流量增加，F_1C 输出降低，调节阀关小，以稳定 A 物料的流量。与此同时，在 A 物料流量的变化过程中，通过比值器 K，使 F_2C 给定值亦变化，使 B 物料流量亦变化，始终保持 A、B 两物料流量的比值关系。

18. 设置分程控制系统的目的是什么？

    答案：设置分程控制系统的主要目的是扩大可调范围 R，所以能满足特殊调节系统的要求，如：①改善调节品质，改善调节阀的工作条件；②满足开停车时小流量和正常生产时的大流量的要求，使之都能有较好的调节质量；③满足正常生产和事故状态下的稳定性和安全性。

19. 图 6-5 所示为一燃料气混合罐，罐内压力需要控制。一般情况下，通过改变甲烷流出量 Q_A 来维持罐内压力。当罐内压力降低到 $Q_A=0$ 仍不能使其回升时，则需要调整来自燃料气发生罐的流量 Q_B，以维持罐内压力达到规定值。根据以上要求：①设计一分程控制系统，画出系统的原理图；②罐内压力不允许过高，确定阀门的气关、气开型式；③确定调节器的正、反作用；④决定每个阀的工作信号段（假定分程点为 60kPa），并画出其分程特性图。

    答案：①设计压力分程控制系统，其原理图如图 6-6 所示；②选择 A 阀为气关阀，B 阀为气开阀；③调节器 PC 为反作用；④A 阀的工作信号段为 20～60kPa，B 阀的工作信号段为 60～100kPa，分程特性见图 6-7。

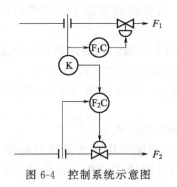

图 6-4　控制系统示意图

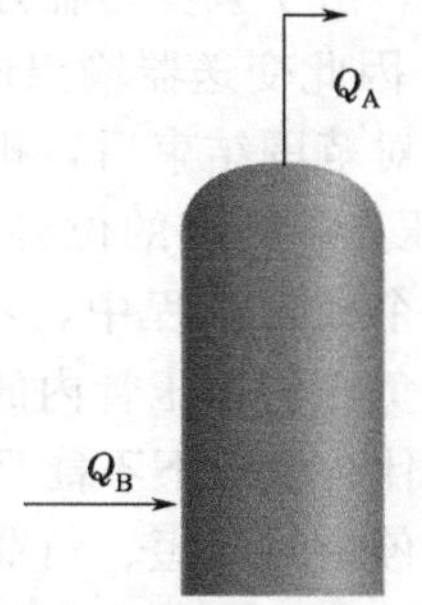

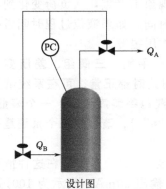

图 6-6　压力分程控制系统原理图

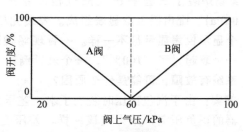

图 6-5　燃料气混合罐

图 6-7　分程特性

20. 前馈控制系统有哪些特点？

　　答案：①前馈控制系统是根据干扰作用的大小进行调节的，一般比反馈调节要及时；②前馈调节系统是"开环"调节系统；③前馈控制系统使用的是视对象特性而定的"专用"调节器；④一种前馈作用只能克服一种干扰。

21. 前馈控制的主要形式有哪几种？

　　答案：①前馈控制的主要形式有单纯的前馈控制（又称简单前馈）和前馈-反馈控制两种；②根据对干扰补偿形式的特点，又分为静态前馈控制和动态前馈控制。

22. 前馈控制主要应用在什么场合？

　　答案：①干扰幅值大而频繁，对被控变量影响剧烈，单纯反馈控制达不到要求；②主要干扰是可测不可控的变量；③对象的控制通道滞后大，反馈控制不及时，控制质量差时可采用前馈-反馈控制系统，以提高控制质量。

23. 工业生产控制中为什么不用单纯的前馈控制系统，而选用前馈-反馈控制系统？

　　答案：单纯前馈控制只能克服一个干扰，而实际对象中干扰往往不止一个，而且有的变量用现有的检测技术尚不能直接测量出来。因此纯前馈应用在工业控制中就会带来一定的局限性，为克服这一问题，采用前馈-反馈控制系统，此时选择对象中的最主要的干扰或反馈控制不能克服的干扰作为前馈变量，再用反馈控制补偿其他干扰带来的影响，这样的控制系统能确保被调参数的稳定并能及时有效地克服主要干扰。

24. 汽包液位用气动差压变送器测量，该变送器带负迁移，在现场怎样简易校对范围和校对零？

答案：校对范围：先关三阀组负向侧阀，再开平衡阀，最后关正向侧阀，此时变送器所受压差为零，由于该变送器迁移量为－100％，且考虑到正常工况下汽包内水的相对密度为0.85，因此变送器输出应约为114kPa。

校对零：校对范围结束后，排空正负压室，关闭平衡阀，在变送器负压侧加入零位压力（即上下取压点冷凝液的位势差），此时变送器的输出应为20kPa。

注意：在整个校对过程中，不允许使三阀组的正、负向侧阀及平衡阀同时处于开启状态，而导致负压侧导压管内的冷凝液流失。

25. 锅炉汽包在什么情况下不能采用单冲量液位控制？为什么？

答案：对于停留时间短、负荷变化较大的情况，不能采用单冲量液位控制系统。因为：①负荷变化时产生的"虚假液位"，将使调节器反向错误动作，负荷增大时反向关小给水调节阀，一到汽化平息下来，将使液位严重下降，波动很厉害，动态品质很差。②负荷变化时，控制作用缓慢。即使"虚假液位"现象不严重，从负荷变化到液位下降要有一个过程，再由液位变化到阀动作又滞后一段时间。如果液位过程时间常数很小，偏差必然相当显著。③给水系统出现扰动时，控制作用缓慢。

26. 某锅炉装了三套差压式液位检测系统，由双室平衡、三阀组、差压变送器（－6～0kPa）、配电器及数显表组成。安装完毕，冷调试时都正常，可在系统试压上水时，三个显示仪表显示都不一样。一看现场玻璃管、汽包都装满了水，一个表显示"100％"，一个表超过了"100％"，一个表针倒走（低于"0"），请分析三个系统是否正常，哪个系统有故障，可能是什么原因？

答案：由于汽包试压时装满了水，差压变送器经100％负迁移。在这种情况下差压变送器的正负压室，压力应该一样，差压变送器应输出20mA，指示为100％的系统正常。新安装的锅炉及管道中存在很多杂质，上水时很容易被冲至水位检测装置中造成管路、三阀组堵塞，如差压变送器的正压室的管路被堵，当水位增加时负压室压力增大，输出逐渐减小，最后低于4mA，使指示低于零，反之负压室被堵则最后输出会大于20mA，使显示超量程大于100％。

27. 在串级控制系统中出现共振，应采取什么办法消除？

答案：由于共振现象是串级控制系统整定参数中可能出现的现象，当控制系统出现共振现象时，应适当增加积分时间，或增大主、副调节器的比例度，即可消除这种共振现象。

28. 如何根据被控对象特性选择调节器的调节规律？

答案：典型的工业被控对象特性有纯滞后、积分、一阶惯性、纯滞后加积分、纯滞后加一阶惯性等。①纯滞后被控对象可选用比例调节器、积分调节器和比例积分调节器。②积分被控对象可选用比例调节器。此时，系统总的滞后角为－90°，系统不会发生振荡，可以设置较小的比例度；应避免选用积分调节器，因采用积分调节器后，系统总的滞后角为－180°，系统不稳定；积分被控对象可以选用比例积分调节器，但应避免用较小的积分时间。③一阶惯性被控对象可选用比例调节器和比例积分调节器。④纯滞后加积分被控对象，可选用比例调节器和比例积分调节器。⑤纯滞后加一阶惯性被控对象可选用比例调节器、比例积分调节器、比例微分调节器和比例积分微分调节器。上述主要是从系统稳定性的角度考虑的，此外还要考虑此调节规律应满足工艺过程及经济性的要求。

29. 求图6-8中对数幅频特性曲线的传递函数，并计算动态参数 K。

答案：该系统由一阶惯性环节加比例环节构成，转折频率 $\omega=10$，则惯性环节为 $1/(0.1s+1)$。

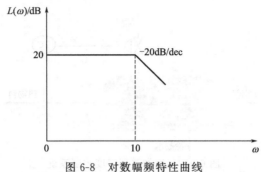

图 6-8 对数幅频特性曲线

所以 $20\lg K=20$，$K=10$，故该系统传递函数为 $G(s)=10/(0.1s+1)$。

30. 简述 PID 参数值变化对过渡过程曲线的影响。

    答案：在整定中，当观察到过渡过程响应曲线振荡很频繁时，应增大比例度。当观察到过渡过程响应曲线最大偏差大，且趋于非周期变化时，应减小比例度。当观察到过渡过程响应曲线波动大时，应增加积分时间，消除余差。当观察到过渡过程响应曲线偏离给定值时，且长时间回不来时，应减小积分时间，加快消除余差过程。当观察到过渡过程响应曲线振荡厉害，应将微分作用减到最小，不引入微分作用。当观察到过渡过程响应曲线偏差大而衰减慢，应加大微分作用。根据上述关系，反复凑试，直到过渡过程响应曲线过渡时间短、超调量小为止。调节器 PID 参数整定是理论与实践相结合的过程，书面上讲的是指导性的，因为它不可能包括全部实际过程对象，它只是把有规律性的、典型的一些控制系统参数整定归纳出来。实践工作中，需要就具体工况过程对象所构成的控制系统反复进行调试整定，力求调节系统品质最好（过渡时间短、超调量小）。

31. 一阶环节的放大系数 K 对过渡过程有什么影响？

    答案：一阶环节的放大系数 K 决定了环节在过渡过程结束后的新稳态值的大小。在相同输入信号下，K 值越大，达到的新稳态输出值越大。

32. 采用变速给水泵的给水全程控制系统应包括哪三个系统？

    答案：①给水泵转速控制系统，根据锅炉负荷的要求，控制给水泵转速改变给水流量；②给水泵最小流量控制系统，通过控制回水量，维持水泵流量不低于某个最小流量，以保证水泵工作点不落在上限特性曲线的左边；③给水泵出口压力控制系统，通过控制给水调节阀，维持给水泵出口压力，保证给水泵工作点不落在最低压力 $P_{\min}$ 线和下限特性曲线以下。以上三个子系统对各种锅炉的给水全程控制系统来说都是必要的。

33. 锅炉汽包液位三冲量调节系统是怎样克服假液位的？

    答案：当锅炉负荷量（即产气量）突然增大时，由于汽包内压力下降，汽包内沸腾加剧，产生大量气泡将液位抬起，经过一段时间后液位下降，这个短暂的过程液位不按物料平衡关系下降反而上升的现象叫假液位现象。三冲量调节系统采用蒸汽前馈，当蒸汽流量增大时，锅炉汽包产生假液位上升时，蒸汽前馈与假液位产生的动作作用方向相反，抵消假液位产生的减给水指令并做适当的加水调节，从而避免假液位产生的调节动作，实现超前补偿。

34. 图 6-9 为一蒸汽加热器温度控制系统，请指出：①指出该系统中的被控对象、被控变量、操纵变量各是什么？②该系统可能的干扰有哪些？③该系统的控制通道指什么？④如果被加热物料过热易分解，试确定调节阀的气开、气关型式和调节器的正、反作用；⑤试分析当冷物料的流量突然增加时，系统的控制过程及各信号如何变化？

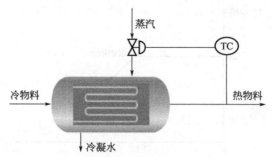

图 6-9 蒸汽加热器温度控制系统

答案：①该系统的被控对象是蒸汽加热器，被控变量是被加热物料的出口温度，操纵变量是加热蒸汽的流量；②该系统可能的干扰有加热蒸汽压力，冷物料的流量和温度，加热器内的传热状况，环境温度变化等；③该系统的控制通道是指由加热蒸汽流量变化到热物料的温度变化的通道；④由于被加热物料过热易分解，为避免过热，当调节阀气源中断时，应使阀处于关闭状态，即应选用气开式，由于加热蒸汽流量增加时，被加热物料出口温度也在增加，故该系统中的对象是属于"＋"作用方向的，而阀是气开式的，也属于"＋"作用方向，为便于系统具有负反馈作用，调节器应选用负作用，即反作用方向；⑤当冷物料流量突然增大时，会使物料出口温度下降，这时由于温度控制器 TC 的反作用，故当测量值下降时，控制器的输出信号上升，即控制阀膜头上的压力上升，由于是气开式，故阀的开度增加，通过阀的蒸汽流量也相应增加，使物料出口温度上升，起到因物料流量增加而使温度下降的相反作用，故为负反馈作用，所以该系统由于控制作用的结果，能自动克服干扰对被控变量的影响，使被控变量保持在恒定的数值上。

六、计算题

1. 若根据工艺生产需要，温度的给定值人为地由 **80℃** 突变到 **78℃**，请按照以上你所选的仪表测量范围，结合你改正的串级控制系统，求此时调节阀的位移是全行程的百分之几？（设主调节器的比例度 $\delta_主 = 25\%$，副调节器的比例度 $\delta_副 = 50\%$，在设定值调整瞬间，副参数值没有变化，且执行机构响应的时间常数为零。）

答案： 主调节器 $\Delta T_主 = 80 - 78 = 2℃$

∵ $25\% = \dfrac{2/100}{\Delta I_主/10}$

∴ $\Delta I_主 = 0.8 \text{mA}$

副调节器

∵ $\delta_副 = \dfrac{\Delta I_主/10}{\Delta I_副/10}$

∴ $\Delta I_副 = \dfrac{\Delta I_主}{\delta_副} = \dfrac{0.8}{50\%} = 1.6 \text{mA}$

调节阀 $\dfrac{L}{L_{max}} = \dfrac{\Delta I_副}{10 \text{mA}} = \dfrac{1.6 \text{mA}}{10 \text{mA}} = 16\%$

调节阀的位移为全行程的 16%。

2. 有一液位控制系统如图 6-10 所示，根据工艺要求，调节阀选用气开式，调节器的正反作用应该如何确定？

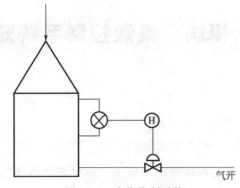

图 6-10 液位控制系统

答案：先做两条规定：①气开调节阀为＋A，气关调节阀－A；②调节阀开大，被调参数上升为＋B，下降为－B，则 $A \times B =$ "＋"，调节阀选反作用；$A \times B =$ "－"，调节阀选正作用。在图中，阀为气开＋A，阀开大，液位下降－B，则有：$(+A) \times (-B) =$ "－"，调节器选正作用。

3. 用临界比例度法整定某过程控制系统，所得的比例度为 20％，临界振荡周期为 1min，当调节器分别采用比例作用、比例积分作用、比例积分微分作用时，求其最佳整定参数值。

答案：①比例控制器

$\delta = 2\delta_K = 2 \times 20\% = 40\%$

②比例积分控制器

$\delta = 2.2\delta_K = 2.2 \times 20\% = 44\%$

$T_I = T_K/1.2 = 1/1.2 = 0.83$min

③比例积分微分控制器

$\delta = 1.6\delta_K = 1.6 \times 20\% = 32\%$

$T_I = 0.5T_K = 0.5 \times 1 = 0.5$min，$T_D = 0.25T_I = 0.25 \times 0.5 = 0.125$min

第七模块 集散控制系统知识

一、填空题

1. HOLLIAS-MACSV 系统中工程师站的功能不包括对整个系统的实时数据和_____进行管理。

   答案：历史数据

2. HOLLIAS-MACSV 系统中的"站"不包括_____。

   答案：网络通信站

3. HOLLIAS-MACSV 系统的软件主要包括组态软件、操作员站软件、服务器软件和_____。

   答案：控制站软件

4. HOLLIAS-MACSV 系统组态软件中，设备组态是在工程中定义应用系统的_____。

   答案：硬件配置

5. HOLLIAS-MACSV 系统服务器算法组态的算法方案中，用到的中间变量需要添加到_____中。

   答案：数据库组态

6. HOLLIAS-MACSV 系统服务器算法组态，必须要先编译方案，再编译站，最后要编译_____。

   答案：服务器算法工程

7. HOLLIAS-MACSV 系统图形组态中的动态点，分为_____和交互特性。

   答案：动态特性

8. HOLLIAS-MACSV 系统组态软件的步骤中，在新建工程后，应该进行_____。

   答案：硬件配置

9. HOLLIAS-MACSV 系统，变量按照属性分，不包括_____。

   答案：局部变量

10. HOLLIAS-MACSV 系统，不属于 POU 类型的是_____。

    答案：保留型

11. HOLLIAS-MACSV 系统，按照_____的不同，变量可分为"简单型变量"和"功能块实例"。

    答案：变量结构形式

12. HOLLIAS-MACSV 系统 POU 语言类型中 FBD 是指_____。

    答案：功能块图

13. HOLLIAS-MACSV 系统，MACSV 数据总控中，基本编译、联编成功后可以生成_____工程。

    答案：控制器算法

14. HOLLIAS-MACSV 系统，在基本编译成功和_____编译之后，可以进行联编。

答案：服务器控制算法

15. HOLLIAS-MACSV 系统，数据库组态中物理点的设备号必须和设备组态中的物理点所连接的 I/O 设备的_____一致。
答案：设备地址

16. HOLLIAS-MACSV 系统，数据库组态时如果用导入的方法生成数据库，那么在 Excel 软件中编辑的数据库基础表，必须要保存_____文件。
答案：文本

17. HOLLIAS-MACSV 系统图形组态中提供_____和用户图形库两个库。
答案：系统图形库

18. CENTUM-CS3000 系统主要由_____、ICS 操作站、双重化现场控制站、通信门单元构成。
答案：EWS 工程师站

19. CENTUM-CS3000 系统具有高可靠性、三重网络、_____的特点。
答案：开放性和综合性强

20. CENTUM-CS3000 系统现场控制站的处理器卡上的 START/STOP 开关用于使_____暂停或者重新启动。
答案：处理器卡 CPU

21. CENTUM-CS3000 系统中，在分程控制中，SPLIT 模块在投运时需要投自动，并将内部开关 SW 切到 3，才能使_____输出信号。
答案：两个输出阀

22. CENTUM-CS3000 系统中，V-net 网是连接操作站和控制站的实时通信网络，是一个_____，通信方式为令牌通信，通信速率为 10Mbps。
答案：双重化冗余总线

23. CENT0M-CS3000 系统中，V-net 网是连接操作站和控制站的实时通信网络，是一个双重化冗余总线，通信方式为令牌通信，通信速率为_____。
答案：10Mbps

24. CENTUM-CS3000 系统中，V-net 网用同轴电缆时最大长度为_____，采用光纤可扩展至 20km。
答案：500m

25. CENTUM-CS3000 系统中，V-net 网上可连接 64 个站，通过总线转换器可扩展到_____站。
答案：256 个

26. CENTUM-CS3000 系统中的 Ethernet 网是局域信息网，用于连接上位系统与操作站，可进行数据文件和趋势文件的传输，通信速率为_____。
答案：10Mbps

27. CENTUM-CS3000 系统中，每个域最多可以定义_____个站。
答案：64

28. CENTUM-CS3000R3 系统中，最多可以有_____个域。
答案：16

29. CENTUM-CS3000R3 系统中，操作员在控制分组画面上，不可以将过程点打在_____进行操作。
答案：校验状态

30. CENTUM-CS3000R3 系统中，操作员在控制分组画面上可以进行_____操作。

    答案：修改控制模式

31. CENTUM-CS3000R3 系统中，系统状态画面显示设备信息为黄色时，表示该设备处于_____。

    答案：备用状态

32. CENTUM-CS3000 系统中，节点状态窗口中，如 AI 卡的状态为红色，则表示此卡件处于_____。

    答案：故障状态

33. CENTUM-CS3000 系统的现场控制站 KFCS 中，最多允许定义_____个节点单元。

    答案：10

34. CENTUM-CS3000R3 系统中，现场控制站 FCS 中处理器卡的功能是执行控制计算，并监视_____。

    答案：CPU 及供电单元

35. CENTUM-CS3000R3 系统中，现场控制站 FCS 中 V-net 连接单元的功能，连接_____与 V 网电缆，完成信号隔离与信号传输。

    答案：FCU 的处理器卡

36. CENTUM-CS3000R3 系统中，现场控制站 KFCS 中模拟量输入卡 AAM10 可以接收的信号是_____信号。

    答案：4～20mA

37. CENTUM-CS3000 系统控制策略组态时，PID 功能块细目组态中 Measurement Tracking 中的 CAS 参数，指的是串级主回路在_____模式下，MV 跟踪副回路 SP 的变化。

    答案：非 CAS 串级

38. CENTUM-CS3000 系统控制策略组态时，PID 功能块细目组态中 Measurement Tracking 中的 HAN 参数，指的是_____模式下，SP 跟踪 PV 的变化。

    答案：手动

39. TPS 是 Total Plant Solutions System 的缩写，中文为_____方案。

    答案：全厂一体化解决

40. 过程网络有_____、数据大道和可编程控制器数据大道三种类型。

    答案：万能控制网

41. 在 TPS 系统操作组画面中按下［HOURAVG］键可以显示点的_____。

    答案：小时平均值

42. TPS 系统中运行 GUS 作图软件 DISPLAY BUILDER，如定义变量，使其在流程图上的所有脚本内有效，这样的变量应该定义为_____。

    答案：全局变量

43. TPS 系统中的网络类型有_____、TPS 过程网络和过程控制网络。

    答案：工厂控制网络

44. TPS 系统中，控制网络的通信协议是 MAP，其通信速率为_____。

    答案：5Mbps

45. TPS STI 卡与智能变送器通信采用_____协议。

    答案：DE

46. TPS 系统 LCN 采用_____连接。

    答案：同轴电缆

47. TPS 系统一条 LCN 上最多可有_____UCN。

    答案：20 条

48. TPS 系统 LCN（Local Control Network）上最多可有_____HM，一条 LCN 上的所有卷名和目录名不能重复。

    答案：20 个

49. TPS 系统 UCN 是 Universal Control Network 的缩写，中文叫_____。

    答案：万能控制网

50. TPS 系统 NIM 在 UCN 网上的地址设定是在板_____上进行的。

    答案：MODEM

51. TPS 系统，GUS 流程图编辑器的脚本由多个子程序组成，每个子程序与某一个特定的_____相关，当其发生时，与其相关的子程序被激活执行。

    答案：事件

52. TPS 系统中，GUS（Global User Station）操作站通过_____主板和 LCN 网络连接。

    答案：LCNP

53. TPS 系统，HPMM 由控制/通信处理器、I/O 连接处理器和_____组成。

    答案：UCN 接口模块

54. TPS 系统一个 HPM 最多带_____输入输出处理器卡。

    答案：40 对

55. TPS 系统 HPM 的内存容量用_____来测算。

    答案：MU

56. TPS 系统 HPMM 中_____的功能是把 HPMM 连接到 UCN 网上。

    答案：UCN 接口模块

57. TPS 系统 HPMM 中_____的功能是控制 I/O 连接总线，实现 HPMM 与 IOP 的数据连接。

    答案：通信/控制处理器

58. TPS 系统运行中，HM 如出现故障，可能会影响_____和区域数据库操作。

    答案：流程图操作

59. TPS 系统控制组态中，如果有手控阀需要组态，可用_____和 AUTO/MAN Station（自动/手动站）算法实现。

    答案：AO 算法

60. TDC3000 系统中，同一区域数据库可以在不同的操作站上_____。

    答案：同时运行

61. TDC3000 系统中，当存在多对 HM 节点时，其系统文件应只能放在_____上。

    答案：节点对 01

62. TDC3000 系统中，如增加历史组数量，则必须对 HM 节点进行_____处理。

    答案：格式化

63. DCS、PLC 有单独的_____接线图设计内容。

    答案：输入输出系统

64. DeltaV 系统 HI 卡具备_____功能。

    答案：LAS

65. DeltaV 系统支持方法_____种可能的报警优先级别划分。

    答案：12

66. DeltaV 软件支持的组态方法有功能块、顺序功能图和_____。
    答案：结构化文本
67. DeltaV 控制器模块最快扫描速度是_____。
    答案：100ms
68. 每个 DeltaV 控制器最大 DST 数量是_____个。
    答案：750
69. DletaV 系统中模块命名最多_____个字符。
    答案：16
70. 每块 DeltaV 控制器最多带_____块输入输出卡件。
    答案：64
71. DeltaV Local Bus 总长度不能超过_____。
    答案：6.5m
72. DeltaV 控制网络节点能力最大_____。
    答案：120 个
73. DeltaV 系统 HI 卡 H1 网段中的设备为_____。
    答案：链路主设备
74. DeltaV 控制网络是一个专用于 DeltaV 的_____。
    答案：以太网 LM
75. Profibus 的 DP、FMS、PA 使用单一的_____协议。
    答案：总线存取
76. Profibus 总线标准 Profibus-PA 是为_____而设计的。
    答案：过程自动化
77. Profibus 总线存取协议的类型有_____。
    答案：DP、FMS、PA
78. 故障安全是指安全仪表系统在故障时按一个已知的_____进入安全状态。
    答案：预定方式
79. 故障性能递减是指_____CPU 发生故障时，安全等级降低的一种控制方式。
    答案：安全仪表系统
80. 集散控制系统融合了_____、自动控制技术、图形显示技术、通信技术。
    答案：计算机技术
81. DCS 系统要由_____供电。
    答案：UPS
82. 保证 DCS 系统安全的另一措施是隔离，通常的办法是采用_____和光电法隔离。
    答案：隔离变压器
83. DCS 系统一般有_____、仪表信号和本安 3 个接地。
    答案：安全保护
84. DCS 集散控制系统的一个显著特点就是_____和控制分散。
    答案：管理集中
85. 采用 4～20mA DC 模拟信号的传送，在 DCS 中必须进行_____数据转换，而现场总线采用数字信号的传送，故不需要 A/D 和 D/A 转换。
    答案：A/D 和 D/A
86. FW243X 为主控卡是整个 DCS 的核心部分，可以驱动_____个 I/O 机笼。

答案：8

87. DCS系统分层结构中，处于工厂自动化系统最高层的是_____。
    答案：企业管理级
88. DCS系统的硬件系统是由不同数目的现场控制站、_____组成的。
    答案：工程师站和操作站
89. DCS系统一般都能实现_____、连续控制和逻辑控制。
    答案：顺序控制
90. DCS控制站是DCS系统的核心，既能执行控制功能，也能执行一些复杂的控制_____。
    答案：算法
91. 在操作站调看DCS历史趋势曲线时，可以对_____时间轴的间隔进行调整。
    答案：趋势曲线
92. DCS组态通常在_____上完成，有些系统的操作站也能代替工程师站进行组态。
    答案：工程师站
93. DCS系统的所有控制都是由现场控制站完成的，工程师站是用于_____。
    答案：组态维护
94. DCS系统是通过_____实现工程师站、操作站和控制站等设备之间的信息、控制命令的传递与发送以及与外部系统信息的交互。
    答案：通信网络
95. DCS过程控制级通过网络将实时控制信息向_____传递，也可以向下级传递。
    答案：上层管理级
96. DCS的通信网络的传送媒体有_____、同轴电缆和光纤。
    答案：双绞线
97. DCS的通信网络的拓扑结构常用的有_____、环形结构和总线型结构三种形式。
    答案：星形结构
98. 把构成通信数据的各个二进制位依次在信道上进行传输的通信称为_____。
    答案：串行通信
99. 把构成通信数据的各个二进制位同时在信道上进行传输的通信称为_____。
    答案：并行通信
100. 在计算机的通信网络中，按彼此公认的一些规则，建立一系列有关信息传递、控制、管理和转换的手段和方法，称为计算机的_____。
     答案：通信网络协议
101. 在计算机的通信网络中，按ISO/OSI模型可分为_____、网络层、传输层、会话层、表示层和应用层共七层协议。
     答案：物理层、数据链路层
102. DCS机房要求环境温度在_____℃范围内。
     答案：16～28
103. DCS机房要求湿度不超过_____。
     答案：85%
104. 在DCS中常用_____来保证硬件损伤而不至于酿成事故。
     答案：冗余技术
105. 为防止电网停电而导致DCS不能运行，使用_____方法来给DCS供电。

答案：UPS

106. 带电插拔 DCS 机柜中的模件时操作者要戴手套，其目的是为了防止_____造成模件损坏。

    答案：静电

107. 一热电偶丝对地绝缘电阻不够，会导致 DCS 指示_____。

    答案：偏低

108. 在 DCS 系统中，_____故障占绝大部分。

    答案：现场仪表设备

109. DCS 冗余 I/O 卡件在工作卡件发生故障时，备用卡件迅速自动切换，所有信号采用_____，将干扰拒于系统之外。

    答案：光电隔离技术

110. 操作站硬件发生故障时，常采用_____。

    答案：排除法和替换法

111. 操作站软件发生故障时，一般分为计算机操作系统软件故障和_____两大类。

    答案：DCS 软件故障

112. 通道元件损坏后，首先应该_____。

    答案：查找空余通道

113. 按 DCS 系统检修规程要求，用标准仪器对 I/O 卡件进行点检，通常核验点选零点、_____。

    答案：中间点和满量程

114. JX-300XP DCS 主要由控制站、操作站、工程师站和_____等组成。

    答案：通信网络

115. JX-300XP 系统中，目前已实现一个控制区域包括_____，32 个操作员站或工程师站，总容量达到 15360 个点。

    答案：15 个控制站

116. JX-300XP DCS 模拟量卡一般是 6 路卡，开关量卡一般是 8 路卡，XP316 是_____。

    答案：4 路卡

117. SOPCON 系列 DCS 系统的过程控制网（SCnetⅡ网）的节点容量，最多包括_____控制站。

    答案：15 个

118. JX-300XP DCS 模拟量位号的报警有_____两种方式。

    答案：百分比型和数值型

119. JX-300XP DCS 组态软件定义了操作小组的功能，可以通过启动不同的操作小组来查看不同的监控画面，从而可实现_____设置。

    答案：有选择性的画面

120. JX-300XP DCS 趋势图的坐标可以用_____两种方式显示。

    答案：工程量和百分比

121. JX-300XP DCS 在 I/O 组态中可以实现_____的变化率报警。

    答案：模拟量信号

122. JX-300XP DCS 不打开监控软件，也可以实现_____的仿真运行。

    答案：动画效果

123. JX-300XP DCS 系统组态中，一个控制站最多组态_____常规控制方案。

答案：64 个

124. SOPCON 系列 DCS 系统在自定义控制方案中，在控制回路中，CSC 代表_____。

    答案：双回路

125. SOPCON JX-300XP DCS 控制系统中，联系主控制卡和数据转发卡的是_____。

    答案：SBUS 总线

126. JX-300XP DCS，在 FBD 功能块图编辑器中，单回路控制模块的_____为 SFLOAT。

    答案：输出数据类型

127. JX-300XP DCS，SFC 段落中，几个步同时进行，要选择_____。

    答案：并行分支

128. SUPCON 系列 DCS 系统的信息管理网络是以太网，采用_____方式传输。

    答案：曼彻斯特编码

129. SIIPCON 系列 DCS 系统将双高速冗余工业以太网 SCnetⅡ作为过程控制网，其传输方式为_____。

    答案：二进制编码

130. SUPCON 系列 DCS 系统操作站或工程师站连接控制站的网络是_____网络。

    答案：SCnetⅡ

131. JX-300XP DCS 信息管理网和过程控制网中，通信最大距离是_____。

    答案：10km

132. JX-300XP 系统的信息管理网和过程控制网的拓扑规范有_____。

    答案：总线型和星形

133. SOPCON 系列 DCS 系统的信息管理网和过程控制网的通信介质可以是_____。

    答案：光缆和双绞线

134. SOPCON 系列 DCS 系统过程控制网的通信速率是_____。

    答案：10Mbps

135. SOPCON 系列 DCS 系统新组态文件，生成和组态文件同名的文件夹，其包含一些子文件夹，其中"control"存放_____文件。

    答案：图形化组态

136. SOPCON 系列 DCS 系统新组态文件，生成和组态文件同名的文件夹，其包含一些子文件夹，其中"flow"存放_____文件。

    答案：流程图

137. SOPCON 系列 DCS 系统新组态文生成和组态文件同名的文件夹，其包含一些子文件夹，其中件，"report"存放_____文件。

    答案：报表

138. SOPCON 系列 DCS 系统新组态文件，生成和组态文件同名的文件夹，其包含一些子文件夹，其中"lang"存放_____文件。

    答案：SCX 语言

139. JX-300XP DCS 在组态中对位号进行趋势定义之后，可以在监控过程中将位号添加到_____上。

    答案：趋势画面

140. JX-300XP DCS 在图形化组态编程中，一个控制站就对应着一个工程，可以使用 LD、ST、_____等语言编辑器进行段落的编辑。

    答案：FBD 和 SFC

141. 与 DCS 相比，FCS 具有_____、全分散式和开放式互联网络特点。
    答案：全数字化
142. 现场总线控制系统既是一个_____，又是一种全分布控制系统。
    答案：开放通信网络
143. FCS 是 Fieldbus Control System 的缩写，中文称_____。
    答案：现场总线控制系统
144. 一个现场总线网段中只能采用一个电源，其电压为_____。
    答案：9～32V DC
145. 线网络有两根电缆，既作为_____，又是总线供电设备的电源线，网络设备都是并联的。
    答案：通信线
146. 现场总线设备在线组态时，模块应处于_____。
    答案：OOS 模式
147. 按照现场总线电缆的屏蔽标准，电缆屏蔽层要一点接地，特殊时，要求_____。
    答案：多点接地
148. RS-232C 标准（协议）适合于数据传输速率在_____ bps 范围内的串行通信。
    答案：0～20000
149. RS-232C 标准（协议）的标准接插件是_____针的 D 型连接器。
    答案：25
150. 基金会现场总线低速总线 H1 标准，其传输速率为_____ Kbps。
    答案：31.25
151. FF 设备传感器的组态是在_____中完成的。
    答案：转换器块
152. FF 总线网络终端匹配器的阻值是_____。
    答案：100Ω
153. 网络协议的三个要素是_____。
    答案：语法、语义、定时
154. 局部网络常见的拓扑结构有_____三种结构。
    答案：总线型、星形、环形
155. 网络常用缩写 PDC 代表_____，BDC 代表备份服务器。
    答案：主域服务器
156. _____是 Internet 采用的协议标准，也是世界采用最广泛的工业标准。
    答案：TCP/IP
157. 计算机网络是地理上分散的多台独立自主的遵循约定的_____，通过软、硬件互连以实现交互通信、资源共享、信息交换、协同工作及在线处理等功能的系统。
    答案：通信协议
158. Internet _____是以超文本标记语言（HTML）页面形式以及超文本传输协议（HTTP）发送信息的支持多种网络协议的网络文本和应用程序服务器。
    答案：信息服务器（IIS）
159. _____不仅有路由功能，而且能在多个不同协议之间进行转换。
    答案：网关
160. 在互联网的网站中，用来集合该站点的初始信息或作为网站的起始点的页面的叫_____。

答案：主页

161. 拨号上网利用调制解调器，通过电话线接入互联网，用局域网上网是通过_____利用专门线路接入互联网的。

答案：网卡

162. 决定网络特性的主要技术有用以传输数据的_____、用以连接各种设备的拓扑结构和用以资源共享的介质访问控制方法。

答案：传输介质

163. 某单位的计算机通过一台集线器连接到网络上，这几台计算机采用_____网络结构。

答案：总线型

164. HSE 的通信速率是_____。

答案：100Mbps

165. 对 10Mbps 网络上的任意两个节点之间，不能超过_____中继器或共享集线器。

答案：4 个

166. 网络传输介质有_____、同轴电缆、光缆、无线传输。

答案：双绞线

167. 在网络中，每台主机必须有_____来标识自己，才能保证网络的正常运行。

答案：IP 地址

168. OPC 数据存取规范是 OPC 基金会最初制定的一个工业标准，重点是对_____的在线数据进行存取。

答案：现场设备

169. COM 技术是实现控制设备和控制管理系统之间的数据交换的基础，OPC 是作为工业标准定义的_____。

答案：特殊 COM 接口

170. OPC 是 OLE for Process Control 的缩写，是跨国自动化公司和软硬件供应商合作建立的一个_____。

答案：工业标准

171. OPC 数据访问的方法主要有_____和异步访问。

答案：同步访问

172. OPC 数据交换、OPC XML 扩展标识访问技术，适应了_____和 Internet 技术的发展。

答案：FieldBus

二、单选题

1. OP 的数据交换是相对于 OPCDA 的 Client-Server 通信模式提出的_____通信模式。

    A. Client-Server   B. Client-Client
    C. Browser-Server   D. Server-Server

    答案：D

2. OPC 规范描述了 OPC 服务器需要实现的 COM 对象及其接口，它定义了（Custom Interface）和（Automation Interface），_____用 VB 等高级语言客户程序访问。

    A. 定制接口   B. 自动化接口   C. 两者均可   D. 两者均不可

    答案：B

3. 和 DDE 技术相比，OPC 技术具有_____的数据传输性能。
   A. 双向　　　　　　B. 高速　　　　　　C. 低速　　　　　　D. 批量
   答案：B

4. 为了达到数据传输的最高性能，OPC 服务器是用_____语言开发的。
   A. VB　　　　　　　B. VBA　　　　　　C. C++　　　　　　D. Java
   答案：C

5. 基于 Client/Server 模式的 OPC 技术可以用_____描述。
   A. OPC COM DA　　　　　　　　　　B. OPC COM
   C. OPC XML　　　　　　　　　　　D. ADOPC NET DA
   答案：A

6. DCS 系统的所有控制均由现场控制站完成，工程师站用于_____。
   A. 组态维护　　　　B. 控制　　　　　　C. 管理　　　　　　D. 监测
   答案：A

7. 为了提高网络的可靠性，DCS 网络一般采用_____的通信协议。
   A. 合作　　　　　　B. 专门　　　　　　C. 公认　　　　　　D. 统一
   答案：B

8. 机房要求环境温度为_____℃。
   A. 20~25　　　　　B. 16~28　　　　　C. 25~30　　　　　D. 35~40
   答案：B

9. DCS 机房要求湿度不超过_____%。
   A. 60　　　　　　　B. 80　　　　　　　C. 85　　　　　　　D. 90
   答案：C

10. DCS 系统最佳环境温度和最佳相对湿度分别是_____。
    A. (15±5)℃，40%~90%　　　　　　B. (25±5)℃，20%~90%
    C. (20±5)℃，20%~80%　　　　　　D. (20±5)℃，40%~80%
    答案：C

11. 以下不属于 DCS 过程控制级功能的有_____。
    A. 采集过程数据进行数据转换和处理　　B. 数据实时显示和历史数据存档
    C. 设备的自诊断　　　　　　　　　　D. 实施连续、批量和顺序的控制动作
    答案：B

12. 以下对 DCS 输入/输出卡件的描述，错误的是_____。
    A. 300XP 系统中，模拟量卡件可以冗余配置
    B. DCS I/O 卡件包含有模拟输入和模拟输出卡件，也有集两种功能为一体的卡件
    C. 模拟量输出卡件一般输出连续的 4~20mA 电流信号，用来控制各种执行机构的行程，但电源须另外提供
    D. DCS 系统的模拟输入卡的输入信号一般有毫伏信号、电阻信号、4~20mA 电流信号等
    答案：C

13. 以下对 DCS 控制站的描述，错误的是_____。
    A. DCS 控制站的随机存储器（RAM），一般装载一些固定程序
    B. DCS 控制站电源采用冗余配置，它是具有效率高、稳定性好、无干扰等优点的交流供电系统

C. DCS 控制站的主要功能是过程控制，是系统和过程之间的接口
D. 控制站和 I/O 卡件交换信息的总线一般都采用冗余配置

答案：A

14. 以下对 DCS 工作站的描述，错误的是_____。
A. DCS 控制站一般由监视器、计算机、操作员键盘组成
B. DCS 系统必须配置工程师站，DCS 工程师站不能由操作站代替
C. 在 DCS 的操作站上也可以进行系统组态工作
D. DCS 的操作站除了具有标准的显示外，还可以根据用户的组态进行自定义显示

答案：B

15. 以下对 DCS 通信系统的描述，错误的是_____。
A. 工业计算机网络的响应时间一般比办公室计算机网络快
B. 为了提高网络的可靠性，DCS 网络一般采用专门的通信协议
C. 通信系统实现 DCS 系统中工程师站、操作站、控制站等设备之间信息、控制命令的传递与发送以及与外部系统信息的交互
D. DCS 系统的通信系统通常采用 1：1 冗余方式，以提高可靠性

答案：B

16. 以下对 DCS 软件体系的描述，错误的是_____。
A. DCS 的软件分为系统软件和应用软件（过程控制软件）
B. DCS 硬件组态是指完成对系统硬件构成的软件组态，包括设置网络节点、冗余配置及 I/O 卡件的类型、数量、地址等
C. 软件组态包括历史记录的创建、流程图画面的生成、生产记录和统计报表的生成、控制回路的组态、顺序控制的组态、联锁逻辑组态等
D. DCS 控制站具备所有集散控制系统的控制功能，而工程师站只需将标准的控制模块进行组态就可以实现许多复杂的控制

答案：D

17. 带电插拔 DCS 机柜中的模件时，操作者要戴手套，其目的是为了防止_____造成模件损坏。
A. 电磁干扰　　　B. 静电　　　C. 短路　　　D. 断路

答案：B

18. 一热电偶丝对地绝缘电阻不够，会导致 DCS 指示_____。
A. 不变　　　B. 波动　　　C. 偏高　　　D. 偏低

答案：D

19. 在 DCS 系统中，_____故障占绝大部分。
A. 现场仪表设备　　　　　　　B. 系统
C. 硬件、软件　　　　　　　　D. 操作、使用不当造成的

答案：A

20. DCS 冗余 I/O 卡件在工作卡件发生故障时，备用卡件迅速自动切换，所有信号采用_____技术，将干扰拒于系统之外。
A. 信号屏蔽　　　　　　　　　B. 屏蔽网隔离
C. 光电隔离　　　　　　　　　D. 光电耦合

答案：C

21. 按 DCS 系统检修规程要求，用标准仪器对 I/O 卡件进行点检，通常核验点选_____。

A. 零点、满量程 B. 零点、中间点、满量程
C. 量程范围为 5 个点 D. 量程范围为 5 个点以上
答案：B

22. 通道元件损坏后，首先应该_____。
A. 更新数据至新通道 B. 查找空余通道
C. 更改通道连线 D. 换保险
答案：B

23. SOPCON JX-300XP DCS 的通信网络主要有过程控制网 SCnetⅡ、信息管理网 Ethernet 和_____三个层次。
A. TCP/IP B. SBUS-S1 总线
C. SBUS-S2 总线 D. SBUS 总线
答案：D

24. SOPCON 系列 DCS 系统的过程控制网（SCnetⅡ网）的节点容量，最多包括_____个控制站。
A. 15 B. 16 C. 20 D. 25
答案：A

25. SOPCON 系列 DCS 系统的过程控制网（SCnetⅡ网）的节点容量，最多包括_____个多功能站。
A. 26 B. 28 C. 32 D. 36
答案：C

26. JX-300XP DCS 常规控制方案组态串级控制回路中回路 1 是_____。
A. 内环 B. 外环 C. 回路 D. 回环
答案：A

27. SOPCON 系列 DCS 系统，在自定义控制方案中，在控制回路中，BSC 代表_____。
A. 串级 B. 单回路 C. 复杂回路 D. 双回路
答案：B

28. SOPCON 系列 DCS 系统，在自定义控制方案中，在控制回路中，CSC 代表_____。
A. 串级 B. 单回路 C. 复杂回路 D. 双回路
答案：D

29. SOPCON JX-300XP DCS 控制系统中，联系主控制卡和数据转发卡的是_____。
A. SBUS 总线 B. SCnetⅡ网 C. FF 总线 D. ProfiBus 总线
答案：A

30. SOPCON 系列 DCS 系统，组态修改只需重新进行编译，而不需要重新下载的内容有_____。
A. 修改了 I/O 点位号名称 B. 流程图、报表
C. 卡件增加、减少 D. 修改了 I/O 点位号
答案：B

31. JX-300XP DCS，SCX 语言编辑软件运行支持的系统环境为_____。
A. Windows 98 B. Windows 2000、Windows NT
C. Windows XP D. Windows 95
答案：B

32. JX-300XP DCS，FM 功能块图编辑器中，单回路控制模块的输出数据类型为_____。

A. INT　　　　　　B. SFLOAT　　　　C. OOL　　　　　　D. FLOAT
答案：B

33. JX-300XP DCS，SFC 段落中，几个步同时进行，要选择_____分支。
　　A. 择一　　　　　B. 并行　　　　　C. 串行　　　　　D. 同步
　　答案：B

34. JX-300XP DCS 在进行报表制作时，每张报表最多只能对_____个事件进行定义。
　　A. 32　　　　　　B. 64　　　　　　C. 128　　　　　 D. 16
　　答案：B

35. JX-300XP DCS 在报表制作时，用户最多可对_____个时间量进行组态。
　　A. 32　　　　　　B. 64　　　　　　C. 128　　　　　 D. 16
　　答案：B

36. JX-300XP DCS 在报表中最多可以对_____个位号进行组态。
　　A. 32　　　　　　B. 64　　　　　　C. 128　　　　　 D. 16
　　答案：B

37. SOPCON 系列 DCS 控制站作为 SCnetⅡ的节点，其网络通信功能由_____担当。
　　A. 数据转发卡　　　　　　　　　　B. I/O 卡
　　C. 主控制卡　　　　　　　　　　　D. 数字信号输入卡
　　答案：C

38. JX-300XP DCS 信息管理网和过程控制网中，最大通信距离是_____km。
　　A. 1　　　　　　 B. 5　　　　　　 C. 10　　　　　　D. 15
　　答案：C

39. SOPCON 系列 DCS 系统的 SCnetⅡ网络中不适用的拓扑规范是_____。
　　A. 星形　　　　　B. 总线型　　　　C. 点对点　　　　D. 树形
　　答案：C

40. SOPCON 系列 DCS 系统的 SBUS-S2 网络的拓扑规范为_____。
　　A. 星形　　　　　B. 总线型　　　　C. 点对点　　　　D. 树形
　　答案：B

41. SOPCON 系列 DCS 系统的 SCnetⅡ网络结构中，双绞线作为传输电缆，其节点间距离要满足_____。
　　A. ≤100m　　　　　　　　　　　　B. 100m≤节点间距离≤185m
　　C. 185m≤节点间距离≤500m　　　　D. ≥500m
　　答案：A

42. SOPCON 系列 DCS 系统过程控制网的通信速率是_____Mbps。
　　A. 10　　　　　　B. 11　　　　　　C. 12　　　　　　D. 13
　　答案：A

43. SBUS-S2 总线的通信介质为_____。
　　A. 总线　　　　　B. 光缆　　　　　C. 双绞线　　　　D. 同轴电缆
　　答案：C

44. SBUS-S2 总线的通信速率是_____Mbps。
　　A. 1　　　　　　 B. 2　　　　　　 C. 3　　　　　　 D. 4
　　答案：C

45. SBUS-S1 总线的通信介质为_____。

A. 印刷电路板连线 B. 光缆
C. 双绞线 D. 同轴电缆
答案：A

46. SBUS-S1 总线的通信速率是_____Kbps。
   A. 156/622 B. 156/623 C. 156/624 D. 156/625
   答案：C

47. SOPCON 系列 DCS 系统新组态文件，生成和组态文件同名的文件夹，其包含一些子文件夹，其中"control"存放_____。
   A. 图形化组态文件 B. 流程图文件
   C. SCX 语言文件 D. 报表文件
   答案：A

48. SOPCON 系列 DCS 系统新组态文件，生成和组态文件同名的文件夹，其包含一些子文件夹，其中"flow"存放_____。
   A. 图形化组态文件 B. 流程图文件
   C. SCX 语言文件 D. 报表文件
   答案：B

49. SOPCON 系列 DCS 系统新组态文件，生成和组态文件同名的文件夹，其包含一些子文件夹，其中"report"存放_____。
   A. 图形化组态文件 B. 流程图文件
   C. SCX 语言文件 D. 报表文件
   答案：D

50. SOPCON 系列 DCS 系统新组态文件，生成和组态文件同名的文件夹，其包含一些子文件夹，其中"lang"存放_____。
   A. 图形化组态文件 B. 流程图文件
   C. SCX 语言文件 D. 报表文件
   答案：C

51. JX-300XP DCS 组态中设置主控卡运行周期为_____s 时，程序段落执行周期为 $0.5T_s$。
   A. 0.1 B. 0.5 C. 1 D. 2
   答案：B

52. JX-300XP DCS 图形化组态中，只能作为模块编辑使用的编辑器是_____。
   A. SFC B. LD C. ST D. FBD
   答案：C

53. JX-300XP DCS 系统组态中，一个控制站最多组态_____个常规控制方案。
   A. 32 B. 64 C. 128 D. 256
   答案：B

54. HOLLIAS-MACSV 系统在现场控制站 DP 通信链路中，_____需要分配站地址号。
   A. 热电偶冷端补偿模块 B. 终端匹配器
   C. 重复器 D. 冗余端子模块
   答案：D

55. HOLLIAS-MACSV 系统用于 15#现场控制站中以太网卡 IP 地址设置正确的是_____。
   A. 128.0.0.15 B. 128.0.0.142 C. 129.0.0.16 D. 129.0.0.142

答案：A

56. HOLLIAS-MACSV 系统，采集 Pt100 型热电阻信号，需要配置_____型号的模块。
 A. FM147A B. FM148A C. FM151A D. FM143
答案：D

57. HOLLIAS-MACSV 系统，采集 12 个 K 型热电偶信号，需要配置_____块 FM147A 型号的模块，共有_____个备用通道。
 A. 1，4 B. 2，0 C. 3，3 D. 2，4
答案：D

58. HOLLIAS-MACSV 系统中现场控制站的功能不包括_____。
 A. 运行工程师站所下装的控制程序　　B. 数据采集
 C. 控制输出、控制运算　　D. 对整个系统的实时数据和历史数据进行管理
答案：D

59. HOLLIAS-MACSV 系统中工程师站的功能不包括_____。
 A. 组态和相关系统参数的设置　　B. 现场控制站的下装和在线调试
 C. 可以把工程师站作为操作员站使用　　D. 对整个系统的实时数据和历史数据进行管理
答案：D

60. HOLLIAS-MCSV 系统的软件中，不包括_____。
 A. 工程师站离线组态软件　　B. 现场控制站运行软件
 C. 操作员站运行软件　　D. 服务器算法组态软件
答案：D

61. HOLLIAS-MACSV 系统中的"站"不包括_____。
 A. 工程师站 B. 操作员站 C. 现场控制站 D. 网络通信站
答案：D

62. HOLLIAS-MACSV 系统中的"网络"不包括_____。
 A. 监控网络 B. 系统网络 C. 控制网络 D. 管理网络
答案：D

63. HOLLIAS-MACSV 系统中，不属于报表组态中的动态点的是_____。
 A. 历史点 B. 实时点 C. 时间点 D. 触发点
答案：D

64. HOLLIAS-MACSV 系统控制器算法组态中，_____不是自动生成的。
 A. 新建工程 B. 硬件配置 C. 数据库定义 D. 功能块图
答案：D

65. HOLLIAS-MACSV 系统组态软件的步骤，在新建工程后，应该_____。
 A. 硬件配置 B. 数据库定义 C. 工程基本编译 D. 绘制图形
答案：A

66. HOLLIAS-MACSV 系统生成系统设备状态图的正确顺序是_____。①在图形组态中执行文件菜单中的引入；②完成设备组态；③选择设备组态；④按照向导逐步生成。
 A. ②①③④ B. ③②①④ C. ①③②④ D. ①②③④
答案：A

67. HOLLIAS-MACSV 系统中，不会导致初始化下装的是_____。
 A. 修改 MACS 配置　　B. 修改任务配置中的任务属性
 C. 修改目标设置　　D. POU 的修改

答案：D

68. HOLLIAS-MACSV 系统中，变量按照属性分，不包括_____。
 A. 局部变量　　　B. 全局变量　　　C. 中间变量　　　D. 输入输出型变量
 答案：A

69. HOLLIAS-MACSV 系统中，不属于 POU 类型的是_____。
 A. 程序型　　　B. 功能块型　　　C. 函数型　　　D. 保留型
 答案：D

70. HOLLIAS-MACSV 系统中，按照_____，变量可分为"简单型变量"和"功能块实例"。
 A. 变量结构形式的不同　　　B. 变量有效范围的不同
 C. 属性划分　　　D. 变量能否掉电保护
 答案：A

71. HOLLIAS-MACSV 系统 POU 语言类型中 FBD 是指_____。
 A. 功能块图　　　B. 连续功能图　　　C. 结构化文本　　　D. 指令表
 答案：A

72. HOLLIAS-MACSV 系统图形组态中提供_____两个库。
 A. 系统图形库和用户图形库　　　B. 系统图形库和常用图形库
 C. 常用图形库和用户图形库　　　D. 基本图形库和用户图形库
 答案：A

73. HOLLIAS-MACSV 系统，MACSV 数据总控中，基本编译联编成功后可以生成_____工程。
 A. 控制器算法　　　B. 服务器算法
 C. 系统设备组态　　　D. 系统网络
 答案：A

74. HOLLIAS-MACSV 系统，在基本编译成功和_____编译之后，可以进行联编。
 A. 服务器控制算法　　　B. 设备组态文件
 C. 数据库定义　　　D. 图形组态
 答案：A

75. HOLLIAS-MACSV 系统数据库组态中物理点的设备号必须和设备组态中的物理点所连接的 I/O 设备的_____一致。
 A. 设备地址　　　B. 配置地址　　　C. 网络地址　　　D. 物理地址
 答案：A

76. HOLLIAS-MACSV 系统，数据库组态时如果用导入的方法生成数据库，那么在 Excel 软件中编辑的数据库基础表，必须要保存_____文件。
 A. 文本　　　B. 表格　　　C. 图形　　　D. 动画
 答案：A

77. CENTUM-CS3000 系统中，串级主回路的状态为 IMAN，那么_____。
 A. 主回路 PV 过程值为坏值　　　B. 副回路处于 AUTO 状态
 C. 主回路 AO 开路　　　D. 主回路 PID 参数未整定
 答案：B

78. CENTUM-CS3000R3 系统中，一个域是一个逻辑控制网部分，用户可以用_____连接不同域。

A. 现场控制站 FCS   B. 先进过程控制站 APCS
C. 通信网关单元 CGW   D. 总线转换器 BCV
答案：D

79. CENTUM-CS3000 系统中，若某一 AO 卡件硬件故障，需要更换，应_____。
    A. 将 FCS 机柜停电后更换   B. 带电将此 AO 卡件更换
    C. 将节点停电即可更换   D. 不可带电将此 AO 卡件更换
    答案：B

80. 在 CENTUM-CS3000 系统中，每个域最多可以定义_____个站。
    A. 8   B. 16   C. 48   D. 64
    答案：D

81. 在 CENTUM-CS3000 系统中，每个域最多可以定义_____个 HIS。
    A. 8   B. 16   C. 48   D. 64
    答案：B

82. 在 CENTUM-CS3000R3 系统中，最多可以有_____个域。
    A. 4   B. 8   C. 16   D. 64
    答案：C

83. CENTUM-CS3000R3 系统中，操作员在控制分组画面上不可以_____操作。
    A. 将过程点打校验状态   B. 修改 SP 值
    C. 修改控制模式 MODE   D. 修改 MV 值
    答案：A

84. 在 CENTUM-CS3000R3 系统中，操作员在控制分组画面上可以进行_____操作。
    A. 将过程点打校验状态   B. 修改 PV 值
    C. 修改控制模式 MODE   D. 查看历史数据
    答案：C

85. 在 CENTUM-CS3000R3 系统中，系统状态画面显示设备信息为黄色时，表示该设备_____。
    A. 有故障，但能工作   B. 有故障，不能工作
    C. 处于备用状态   D. 硬件故障，不能工作
    答案：C

86. 在 CENTUM-CS3000R3 系统中，系统状态画面显示 FCS 上有一红叉时，表示该设备_____。
    A. 有故障，但能工作   B. 有故障，不能工作
    C. 处于备用状态   D. 软件故障，不能工作
    答案：B

87. CENTUM-CS3000 系统节点状态窗口中，如 AI 卡的状态为红色，则表示此卡件处于_____。
    A. 空载状态   B. 故障状态   C. 组态错误   D. 正常状态
    答案：B

88. CENTUM-CS3000 系统中，系统总貌状态窗口里的冗余的控制网的 V-net1 的状态为红色，则表示_____。
    A. 控制网 1 故障，系统不能正常控制   B. 控制网 1 备用，系统不能正常控制
    C. 控制网 1 故障，系统能正常控制   D. 控制网 1 备用，系统能正常控制

答案：C

89. CENTUM-CS3000R3 系统中，现场控制站 FCS 中_____的功能，是当 FCU 的供电单元故障时确保 CPU 的数据不丢失。
    A. 处理器卡   B. 总线接口卡
    C. V-net 连接单元   D. 电池单元
    答案：D

90. CENTUM-CS3000R3 系统中，现场控制站 FCS 中_____的功能，是执行控制计算并监视 CPU 及供电单元。
    A. 处理器卡   B. 总线接口卡   C. V-net 连接单元   D. 供电单元
    答案：A

91. CENTUM-CS3000R3 系统中，现场控制站 FCS 中_____的功能，是连接 FCU 的处理器卡与 V 网电缆，完成信号隔离与信号传输。
    A. 处理器卡   B. 总线接口卡   C. V-net 连接单元   D. 电池单元
    答案：C

92. CENTUM-CS3000R3 系统中，现场控制站 FCS 中处理器卡上的指示灯_____的功能，表示该处理器卡正常。
    A. HRDY   B. RDY   C. CTRL   D. COPY
    答案：B

93. CENTUM-CS3000R3 系统中，现场控制站 FCS 中处理器卡上的指示灯_____灭时，表示该处理器卡处于备用状态。
    A. HRDY   B. RDY   C. CTRL   D. COPY
    答案：C

94. CENTUM-CS3000R3 系统中，现场控制站 KFCS 中 I/O 卡上的指示灯_____亮时，表示该卡处于冗余状态。
    A. STATUS   B. DX   C. ACT   D. RDY
    答案：B

95. CENTUM-CS3000R3 系统中，现场控制站 KFCS 中节点单元的电源模件上的指示灯_____亮时，表示该模件的＋24V 输出正常。
    A. SYS   B. RDY   C. ACT   D. FLD
    答案：B

96. CENTUM-CS3000R3 系统中，现场控制站 KFCS 中节点单元的 ESB 总线从接口模件上的指示灯_____亮时，表示该模件的硬件正常。
    A. SEL   B. RSP   C. STATUS   D. ACT
    答案：C

97. CENTUM-CS3000R3 系统中，现场控制站 LFCS 中模拟量单通道 I/O 卡上的指示灯 RDY 亮时，表示该卡_____。
    A. 硬件正常   B. 软硬件正常   C. 输出正常   D. 供电正常
    答案：A

98. CENTUM-CS3000R3 系统中，现场控制站 LFCS 中模拟量单通道输入卡 AAM10 可以接收的信号是_____。
    A. 24V DC 信号   B. 4～20mA 信号
    C. 0～5V 信号   D. 0～100mV 信号

答案：B

99. CENTUM-CS3000R3 系统中，现场控制站 KFCS 中模拟量输入卡 AAM10 可以接收的信号是_____。
    A. 24V DC 信号 B. 4～20mA 信号
    C. 1～5V 信号   D. 0～100mV 信号
    答案：B

100. CENTUM-CS3000 系统中，系统总貌状态窗口里的冗余的现场控制站的右侧出现红色 FAIL 显示，则表示_____。
    A. FCS 通信故障   B. FCS 右侧处理器卡故障
    C. FCS 右侧通信卡故障   D. FCS 右侧供电卡故障
    答案：B

101. CENTUM-CS3000 系统控制策略组态时，PID 功能块细目组态中 Measurement Tracking 中的 CAS 参数，指的是串级主回路在_____下，MV 跟踪副回路 SP 的变化。
    A. 非手动模式   B. 非 AUTO 自动模式
    C. 非 CAS 串级模式   D. 非 RCAS 远程串级模式
    答案：C

102. CENTUM-CS3000 系统控制策略组态时，PID 功能块细目组态中 Measurement Tracking 中的 MM 参数，指的是_____下，SP 跟踪 PV 的变化。
    A. 手动模式   B. AUTO 自动模式
    C. CAS 串级模式   D. RCAS 远程串级模式
    答案：A

103. CENTUM-CS3000 系统中，控制策略组态在 System View 窗口里项目下的_____目录下完成。
    A. COMMON   B. BATCH   C. FCS   D. HIS
    答案：C

104. TPS 系统，运行 GUS 作图软件 DISPLAY BUILDER，如定义变量，使其在流程图上的所有脚本内有效，这样的变量应该定义为_____。
    A. 局部变量   B. 本地变量   C. 全局变量   D. 过程变量
    答案：C

105. 在 TPS 系统中，当调节器处于_____模式时，操作员可以直接控制输出。
    A. 手动   B. 自动   C. 串级   D. 程序
    答案：A

106. 在 TPS 系统中，按下[NORM]键后控制点将处于_____模式。
    A. 手动   B. 自动
    C. 串级   D. 根据组态不同预先定义
    答案：D

107. 在 TPS 系统中，细目画面 PV 状态显示黄色 M 表示_____。
    A. 输出手动   B. PV 源手动   C. 输出自动   D. PV 源自动
    答案：B

108. 在 TPS 系统中，当操作员将调节器置于自动方式时，操作员可以直接调节_____。
    A. 给定值   B. 测量值   C. 输出值   D. 控制模式
    答案：A

109. 在 TPS 系统中，5 槽卡件箱卡件槽位数正确的是_____。
   A. 5 个槽位，在卡件向后面对应有 5 个 I/O 槽位
   B. 3 个槽位，在卡件向后面对应有 2 个 I/O 槽位
   C. 2 个槽位，在卡件向后面对应有 3 个 I/O 槽位
   D. 上述说法都不对
   答案：A

110. 在 TPS 系统中，不可以在_____中禁止点的报警。
   A. 点的细目画面   B. 流程图画面
   C. 区域报警总貌   D. 单元报警总貌
   答案：B

111. 在 TPS 系统中，通过_____不能判断刚刚有一个报警发生。
   A. 报警的机声或蜂鸣器声
   B. 操作员键盘上的 [MSG SUMM] 键灯闪烁
   C. 打印机打印出报警实时记录
   D. 操作员键盘上的 [ALM SUMM] 键灯闪烁
   答案：B

112. TPS 系统中，控制网络的通信协议是 MAP，其通信速率为_____。
   A. 31.25Kbps   B. 5Mbps   C. 10Mbps   D. 100Mbps
   答案：B

113. TPS STI 卡与智能变送器通信采用_____协议。
   A. HART   B. DE   C. FF   D. ProfiBus
   答案：B

114. TPS 系统与 AB-PLC 的 ModBus 通信采用_____卡件。
   A. ULAI   B. SI   C. PI   D. STI
   答案：B

115. TPS 系统 GUS 在 LCN 网上的地址在_____中设定。
   A. K4LCN   B. LCNP   C. LCNP4   D. 软件
   答案：D

116. TPS 系统 NIM 在 LCN 网上的地址在_____中设定。
   A. K4LCN   B. LCNP   C. LCNP4   D. 软件
   答案：A

117. TPS 系统节点中，由_____实现 LCN 与 UCN 间的通信功能。
   A. HM   B. NIM   C. GUS   D. AM
   答案：B

118. TPS 系统节点中，由_____提供上层网络与 LCN 网之间的数据通道。
   A. HM   B. NIM   C. GUS   D. APP
   答案：D

119. TPS 系统中，GUS（Global User Station）操作站通过_____主板和 LCN 网络连接。
   A. EPLC   B. K4LCN   C. LCNP   D. PLNM
   答案：C

120. TPS 系统中，GUS 流程图编辑器的脚本由多个子程序组成，每个子程序与某一个特定的_____相关，当其发生时，与其相关的子程序被激活执行。

A. 事件 B. 对象 C. 属性 D. 过程
答案：A

121. 下列 TPS 系统节点中，_____提供 TPS 的人机接口功能。
A. HM B. NIM C. GUS D. AM
答案：C

122. TPS 系统 HPMM 中_____的功能是把 HPMM 连接到 UCM 网上。
A. 通信/控制处理器 B. I/O 链接处理器
C. UCN 接口模块 D. 输入/输出模块
答案：C

123. TPS 系统 HPMM 中_____的功能是控制与 UCN 接口模块和 I/O 链接处理器进行数据通信和控制算法计算。
A. 通信/控制处理器 B. I/O 链接处理器
C. UCN 接口模块 D. 输入/输出模块
答案：A

124. TPS 系统 HPMM 中_____的功能是控制 I/O 连接总线，实现 HPMM 与 IOP 的数据连接。
A. 通信/控制处理器 B. I/O 链接处理器
C. UCN 接口模块 D. 输入/输出模块
答案：B

125. 下列 TPS 系统节点中，_____提供历史数据存储功能。
A. HM B. NIM C. GUS D. AM
答案：A

126. TPS 系统，若用户希望保存当前运行系统的控制组态参数，则可以对系统做_____工作。
A. AUTO CHECKPOINT B. SAVE CHECKPOINT
C. RESTORE CHECKPOINT D. BACKUP CHECKPOINT
答案：B

127. TDC3000 系统，使用用户的键盘组态文件时，应在_____指定路径使用。
A. NCF 文件中 B. 区域数据库中
C. net.&Dsy. 目录下 D. net.&D01. 目录下
答案：C

128. TDC3000 系统，若用户修改控制组第 12 组内容，修改后操作员必须_____，才能使修改永久生效。
A. 将操作站 US 重新启动 B. 换区操作
C. 将 US 加载为工程师属性 D. 备份数据库文件
答案：B

129. TDC3000 系统，当 NIM 的节点地址显示为 191 时，表示_____。
A. UCN 网络节点地址设置为 191 B. LCN 网络上节点地址设置为 191
C. 节点故障 D. 节点正常
答案：C

130. TDC3000 系统，若用户编辑自己的文本文件，以下文件名可参考应用的有_____。
A. ser01. yy B. user0ltest. Yy
C. user01. txt D. usertest. Cf

答案：A

131. TDC3000 系统，当利用 DC 点实现联锁组功能时，不能由操作员操作旁路联锁的是_____。
   A. PEIMISSION 允许联锁　　　　　　B. OVERRIDE 超驰联锁
   C. SAFETY 安全联锁　　　　　　　　D. OVERRIDE 超驰联锁和 SAFETY 安全联锁
   答案：C

132. TDC3000 系统操作时，串级主回路的状态为 IMAN 时，可能的情况是_____。
   A. 主回路 PV 过程值为坏值　　　　　B. 副回路处于 AUTO 状态
   C. 主回路 AO 开路　　　　　　　　　D. 主回路 PID 参数未整定
   答案：B

133. TDC3000 系统，用户在指定路径下编辑文件时，正确的路径为_____。
   A. NET. TEST. CDU1. FILE1. XX　　　B. NET. TEST. FILE1. XX
   C. NET. TEST01. FILE1. XX　　　　　D. ＄F1. TEST. FILETEST01. XX
   答案：C

134. DeltaV 控制器模块最快扫描速度是_____。
   A. 100ms　　　B. 200ms　　　C. 5000ms　　　D. 1s
   答案：A

135. DeltaV 系统 H1 卡可以连接两个总线段（Segment），最多可挂接_____台设备。
   A. 8　　　B. 16　　　C. 32　　　D. 32
   答案：B

136. DeltaV 系统中模块命名最多用_____个字符。
   A. 8　　　B. 16　　　C. 32　　　D. 不限
   答案：B

137. 每块 DeltaV 控制器最多带_____块输入输出卡件。
   A. 40　　　B. 64　　　C. 80　　　D. 128
   答案：B

138. 每个 DeltaV 控制器最大 DST 数量是_____。
   A. 500　　　B. 750　　　C. 1000　　　D. 1250
   答案：B

139. DeltaV 系统 H1 卡 H1 网段中的设备为_____。
   A. 基本设备　　　B. 链路主设备　　　C. 网络　　　D. 从设备
   答案：B

140. DeltaV Local Bus 总长度不能超过_____m。
   A. 10　　　B. 8　　　C. 6.5　　　D. 3
   答案：C

141. DeltaV 控制网络节点能力最大_____个。
   A. 100　　　B. 120　　　C. 80　　　D. 180
   答案：B

142. 一个现场总线网段中只能采用一个电源，其电压为_____。
   A. 大于 9V DC　　　　　　　　　　　B. 24V DC
   C. 9～32V DC　　　　　　　　　　　D. 以上不准确
   答案：C

143. 下列模块中_____是 3500 系统配置所必须要求的。
    A. 键相器模块　　　　　　　　B. 转速模块
    C. 监测器模块　　　　　　　　D. 通信网关模块
    答案：C

144. 模块中_____不是 3500 系统配置所必须要求的。
    A. 电源模块　　　　　　　　　B. 框架接口模块
    C. 监测器模块　　　　　　　　D. 通信网关模块
    答案：D

145. 现场总线设备在线组态时，模块应处于_____。
    A. OOS 模式　　　　　　　　　B. ACtual 模式
    C. Target 模式　　　　　　　　D. Normal 模式
    答案：A

146. HART 协议采用基于 Bell 标准的_____，在低频的模拟信号上叠加幅度为 0.5mA 的音频数字信号进行数字通信。
    A. FSK　　　B. ASK　　　C. PSK　　　D. CSK
    答案：A

147. HART 协议通信中，主要的变量和控制信息由_____传送。
    A. FSK　　　B. ASK　　　C. PSK　　　D. CSK
    答案：D

148. HART 协议通信采用的是_____的通信方式。
    A. 全双工　　B. 单工　　C. 半双工　　D. 其他
    答案：C

149. HART 协议参考 ISO/OSI（开放系统互联模型），采用了它的简化三层模型结构，不包括下列_____。
    A. 物理层　　B. 数据链路层　　C. 应用层　　D. 网络层
    答案：D

150. HART 通信中，通信介质的选择视传输距离长短而定，通常采用_____作为传输介质时，最大传送距离可达到 1500m。
    A. 双绞同轴电缆　　B. 光纤　　C. 总线　　D. 电话线
    答案：A

151. 按照现场总线电缆的屏蔽标准，电缆屏蔽层_____。
    A. 允许一点接地　　　　　　　B. 可以两点接地
    C. 不允许接地　　　　　　　　D. 一点接地，特殊时要求多点接地
    答案：D

152. RS-232C 标准（协议）适合于数据传输速率在_____bps 范围内的串行通信。
    A. 0～1000　　B. 0～10000　　C. 0～20000　　D. 0～30000
    答案：C

153. RS-232C 标准（协议）的标准接插件是_____针的 D 型连接器。
    A. 9　　　B. 15　　　C. 21　　　D. 25
    答案：D

154. 基金会现场总线的通信模型参考了 ISO/OSI 参考模型，具备参考模型 7 层中的 3 层，即_____。

A. 物理层、数据链路层和应用层　　　　B. 物理层、网络层和应用层
C. 物理层、数据链路层和会话层　　　　D. 物理层、传输层和应用层
答案：A

155. FF 链路上可以有_____链路主设备。
　　A. 一个　　　　B. 两个　　　　C. 多个　　　　D. 任意个
　　答案：C

156. FF 总线网络终端匹配器的阻值是_____。
　　A. 100Ω　　　B. 50Ω　　　　C. 75Ω　　　　D. 100Ω
　　答案：A

157. FF 现场总线设备的工作电压在_____V。
　　A. 24　　　　B. 9～32　　　C. 19　　　　　D. 12～24
　　答案：B

158. 基金会现场总线低速总线 H1 标准，其传输速率为_____。
　　A. 31.25Kbps　　B. 1Mbps　　　C. 2.5Mbps　　　D. 10Mbps
　　答案：A

159. FF 的非本安和本安网段上，现场设备均需设计为_____。
　　A. 有源、非有源类型均不可　　　　B. 有源类型
　　C. 有源、非有源类型均可　　　　　D. 非有源类型
　　答案：D

160. FF 设备传感器的组态是在_____中完成的。
　　A. 资源块　　　B. 转换器块　　C. 功能块　　　D. 运算块
　　答案：B

161. ProfiBus 数据链路层识别两种设备类型是_____。
　　A. 主设备、从设备　　　　　　　　B. 基本设备、从设备
　　C. 主设备、网桥　　　　　　　　　D. 链路设备、从设备
　　答案：A

162. ProfiBus 总线标准 ProfiBus-PA 是为_____而设计的。
　　A. 过程自动化　　　　　　　　　　B. 继电保护
　　C. 车间级监控网络和复杂的通信系统　D. 设备级自动控制系统和分散的外围设备通信
　　答案：A

163. ProfiBus 总线存取协议的类型有_____。
　　A. DP　　　　　B. FMS　　　　C. PA　　　　　D. 以上均可
　　答案：D

164. 在互联网上，用来解决主机名称和 IP 地址对应问题而提供的服务叫_____。
　　A. DNS　　　　B. DHCP　　　C. IIS　　　　　D. WINS
　　答案：A

165. TCP/IP 实际上由两种协议组成，其中 TCP 表示_____。
　　A. 网络协议　　B. 传输协议　　C. 控制协议　　D. 分组协议
　　答案：A

166. 在小型局域网中，以下通信速度较快的网络协议是_____。
　　A. HTTP　　　B. TCP/IP　　　C. NetBUE　　　D. IPX/SPX
　　答案：C

167. 提供 IP 地址的动态配置和有关信息的动态主机配置协议简称_____。
  A. DHCP   B. DCHP   C. HCPD   D. DCPH
  答案：A

168. HART 网络的最小阻抗是_____Ω。
  A. 230   B. 275   C. 220   D. 250
  答案：A

169. HART 网络中最多可以接入_____个基本主设备或副主设备。
  A. 1   B. 2   C. 3   D. 4
  答案：B

170. HART 网络的理想接地方式是屏蔽电缆应在_____接地。
  A. 一点   B. 多点
  C. 基本主设备处和现场设备处   D. 每个现场设备处
  答案：A

171. HART 数据的传输是_____。
  A. 低频 4～20mA 电流叠加了一高频电流信号   B. 4～20mA 电流信号
  C. 同一频率的电流信号   D. 以上说法均不准确
  答案：A

172. 某单位的计算机通过一台集线器连接到网络上，这几台计算机采用_____网络结构。
  A. 总线型   B. 星形   C. 环形   D. 以上都不是
  答案：A

173. 客户程序对服务器进行数据存取时是以_____为单位进行的。
  A. 组对象   B. 服务器对象   C. 客户对象   D. 项对象
  答案：A

174. HSE 的通信速率是_____。
  A. 31.25Kbps   B. 100Mbps   C. 5Mbps   D. 10Mbps
  答案：B

175. 对 10Mbps 网络上的任意两个节点之间，不能超过_____个中继器或共享集线器。
  A. 2   B. 4   C. 5   D. 1
  答案：B

176. DCS 控制站是 DCS 系统的核心，既能执行_____功能，也能执行一些复杂的控制_____。
  A. 控制   B. 管理
  C. 算法   D. 组态
  E. 数据处理
  答案：A，C

177. DCS 组态通常在_____上完成，有些系统的_____也能代替工程师站进行组态。
  A. 工程师站   B. 操作站
  C. 现场控制站   D. 管理站
  E. 数据处理站
  答案：A，B

178. 现场总线控制系统既是一个_____，又是一种_____。
  A. 开放通信网络   B. 控制网络

C. 全分布控制系统　　　　　　　　D. 底层控制系统
答案：A，C

179. 网络协议是通信双方事先约定的通信的_____和_____规则的集合。
A. 语义　　　B. 文字　　　C. 语法　　　D. 语言　　　E. 语词
答案：A，C

三、多选题

1. CENTUM-CS3000 系统主要由_____等组成。
A. EWS 工程师站　　　　　　　　B. ICS 操作站
C. 双重化现场控制站　　　　　　D. 通信门单元
E. 通信网络
答案：A，B，C，D

2. CENTUM-CS3000 系统中，要组成一个比值控制系统，需要用_____功能块。
A. PID　　　B. PIO　　　C. RATIO　　　D. PI　　　E. PD
答案：A，B，C

3. CENTUM-CS3000 系统具有_____和综合性强的特点。
A. 开放性　　　B. 高可靠性　　　C. 双重网络
D. 三重网络　　　E. 成本低
答案：A，B，D

4. TPS 系统操作中，用户可以检索过程事件（PROCESS EVENT），包括的内容有_____。
A. 操作员修改 SP 值　　　　　　B. 某过程变量高限报警
C. 打印机离线报警　　　　　　　D. 操作员确认报警
E. 某过程变量低限报警
答案：A，C，D

5. TPS 系统操作中，用户查看过程变量历史趋势，发现所有点无趋势数据，可能的原因是_____。
A. 历史组未组态　　　　　　　　B. 未组态操作组趋势
C. HM 不允许历史采集　　　　　D. 数据报表未组态
E. 显卡故障
答案：A，C

6. 在 TPS 系统中，接收热电阻、热电偶信号的卡件有_____。
A. HLAI　　　B. LLAI　　　C. LLMUX　　　D. STI
答案：B，C

7. TPS 系统中下列_____点既有输入连接又有输出连接。
A. 常规控制　　　B. 常规 PV　　　C. 数值组合
D. 逻辑　　　E. 设备控制
答案：A，C，D，E

8. 下列网络为 TPS 系统中网络类型的有_____。
A. PCN　　　B. TPN　　　C. UCN
D. Data Hiway　　　E. LCN
答案：A，B，C，D

9. TPS 系统中的网络类型有_____三种形式。

A. 工厂控制网络 B. TPS 过程网络
C. 过程通信网络 D. 过程控制网络
E. 工厂通信控制
答案：A，B，D

10. TPS 系统中，_____ 是 LCN 网络的基本部件。
    A. LCN 同轴电缆 B. 75Ω 终端电阻
    C. LCN 节点 D. T 形头
    E. 光纤电缆
    答案：A，B，C，D

11. TPS 系统下列 LCN 节点地址的设定规则中，正确的是 _____。
    A. 跳线插入＝1，跳线拔出＝0 B. 跳线插入＝0，跳线拔出＝1
    C. 跳线拔出的数目为奇数 D. 主设备地址应小于后备地址
    E. 主设备地址应大于后备地址
    答案：B，C，D

12. TPS 系统节点中下列 _____ 是 LCN 节点。
    A. HPM B. NIM C. CG D. US E. AM
    答案：B，C，D

13. 下列 _____ 是 TPS 系统 UCN 网络的基本部件。
    A. UCN 主干电缆和分支电缆 B. 75Ω 终端电阻
    C. UCN 节点 D. TAP 头
    E. 光纤电缆
    答案：A，B，C，D

14. TPS 系统中，下列 UCN 节点地址的设定规则正确的是 _____。
    A. 跳线插入＝1，跳线拔出＝0 B. 跳线插入＝0，跳线拔出＝1
    C. 跳线插入的数目为奇数 D. 主设备地址应小于后备地址
    E. 主设备地址应大于后备地址
    答案：A，C，D

15. 下列 _____ 节点，是 TPS 系统 UCN 节点。
    A. HPM B. NIM C. AM D. PLNM E. GUS
    答案：A，B

16. TPS 系统运行中，HM 如出现故障，可能会影响 _____。
    A. 控制功能运行 B. 流程图操作
    C. 键盘按键操作 D. 区域数据库操作
    E. 计算功能
    答案：B，D

17. HM 初始化后要 _____ 才能建立一个可用的系统 HM。
    A. 拷贝 HM 本地卷内容 B. 拷贝系统软件
    C. 拷贝所有标准的和用户建立的数据库 D. 拷贝用户建立的文件
    E. 拷贝用户地址
    答案：A，B，C，D

18. TPS 系统控制组态中，如果有手控阀需要组态，可用 _____ 实现。
    A. AO 算法 B. AUTO/MAN Station 自动/手动站算法

C. DC 数字组合点算法　　　　　　D. Logic 逻辑算法

E. 推理算法

答案：A，B

19. TPS 系统控制组态中，_____内容可在区域数据库中完成。

A. 历史组分配　　　　　　　　　B. 单元趋势组态

C. 单元名称及分配　　　　　　　D. 标准报表组态

答案：B，D

20. TPS 系统中区域数据库组态包括_____。

A. 选择区域　　　　　　　　　　B. 将组态表格下装到区域数据库 WA 文件中

C. 将区域数据库 WA 文件安装成 DA 文件　D. 将新的区域数据库文件装载到系统中

E. 控制模块图

答案：A，B，C，D

21. TPS 系统，下列修改 NCF 组态的选项中可以在线修改的有_____。

A. 加一个单元名　　　　　　　　B. 删除一个单元名

C. 加一个操作区　　　　　　　　D. 删除一个操作区

E. 不能确定

答案：A，C，D

22. DeltaV Operate 可通过_____操作，从组态方式切换到运行方式。

A. 从菜单上选择"Switchtorun"　　B. 从工具栏上选择"Switchtorun"按钮

C. 按下 CTRL＋R 键　　　　　　D. 按下 CTRL＋W 键

E. 按下 CTRL＋F 键

答案：A，B，D

23. DeltaV 软件支持的组态方法有_____。

A. 功能块　　　　　　　　　　　B. 顺序功能图

C. 结构化文本　　　　　　　　　D. 梯形图

E. 控制模块图

答案：A，B，C

24. 下列报警方式中，DeltaV 支持_____。

A. 用户定制报警　　　　　　　　B. FF 总线设备报警

C. HART 设备报警　　　　　　　D. 资产设备报警

E. PF 总线报警

答案：A，B，C，D

25. _____会影响 DeltaV 系统对报警功能的管理。

A. 厂区　　　B. 报警优先级　　C. 报警类型

D. 报警状态　　E. 报警选择

答案：A，B，C，D

26. CAN 技术规范 2.0B 遵循 ISO/OSI 标准模型，分为_____。

A. 物理层　　　B. 应用层　　　C. 访问层　　　D. 数据链路层

答案：A，B，D

27. DCS 的本质是_____。

A. 集中操作管理　　B. 分散操作　　C. 分散控制　　D. 集中控制　　E. 过程管理

答案：A，C

28. DCS 系统一般有_____3 个接地。
    A. 安全保护   B. 仪表信号   C. 本安   D. 电器   E. 不能确定
    答案：A，B，C

29. DCS（集散控制系统）硬件系统是由不同数目的_____和网络构成。
    A. 工程师站   B. 操作站   C. 现场控制站   D. 管理站   E. 分配站
    答案：A，B，C

30. DCS 系统一般都能实现_____。
    A. 连续控制   B. 逻辑控制   C. 间断控制   D. 顺序控制   E. 直接控制
    答案：A，B，D

31. DCS 过程控制层的主要功能有_____。
    A. 采集过程数据、处理、转换   B. 输出过程操作命令
    C. 进行直接数字控制   D. 直接进行数据处理
    E. 承担与过程控制级的数据通信和对现场设备进行监测诊断
    答案：A，B，C，E

32. DCS 的通信网络的传送媒体有_____。
    A. 双绞线   B. 同轴电缆   C. 光纤   D. 单绞线   E. 总线
    答案：A，B，C

33. DCS 在正常运行状态下，受供电系统突发事故停电影响，DCS 供电回路切入 UPS 后，应采取的应急措施是_____。
    A. 保持原控制状态
    B. 及时报告上级部门，做好紧急停车准备
    C. 估计 UPS 供电持续时间，并通告供电部门及时抢修
    D. 报告安全部门
    E. 紧急停车
    答案：A，B，C

34. DCS 系统网卡配置正确，但操作站与控制站之间、各操作站之间不能通信的原因是_____。
    A. 网线不通或网络协议不对   B. 子网掩码或 IP 地址配置错误
    C. 集成错误   D. 不能确定
    E. 电缆损坏
    答案：A，B，C

35. DCS 的系统故障报警信息，应包括_____。
    A. 故障发生时间   B. 故障点物理位置
    C. 故障排除方法   D. 故障原因和类别
    E. 故障处理程序
    答案：A，B，D

36. 操作站硬件发生故障时，常采用_____。
    A. 软件分析法   B. 排除法   C. 替换法   D. 观察法   E. 隔离法
    答案：B，C

37. 操作站软件发生故障时，一般分为_____。
    A. 计算机操作系统软件故障   B. 显示软件故障
    C. 实时软件故障   D. DCS 软件故障

E. 仪表故障

答案：A, D

38. I/O 卡件故障包括_____和它们之间连接排线的故障。
   A. I/O 处理卡故障　　　　　　　B. 控制器故障
   C. 端子板故障　　　　　　　　　D. 处理器故障
   E. 接线板故障
   答案：A, C

39. JX-300XP DCS 的软件包包含的软件有_____和报表软件。
   A. 系统组态　　　　　　　　　　B. 流程图、监控
   C. 图形化组态　　　　　　　　　D. SCX 语言组态
   E. 图形化编程
   答案：A, B, C, D

40. JX-300XP DCS 主要由_____和通信网络等组成。
   A. 控制站　　　B. 操作站　　　C. 工程师站　　　D. 数据站　　　E. 管理站
   答案：A, B, C

41. SOPCON 系列 DCS 系统，在自定义控制方案中，包括_____两种。
   A. 图形编程　　　　　　　　　　B. ST 语言编程
   C. FBD 编程　　　　　　　　　　D. LD 语言编程
   E. SCX 语言编辑
   答案：A, B

42. JX-300XP 系统的信息管理网和过程控制网的拓扑规范有_____。
   A. 总线型　　　B. 混合型　　　C. 星形　　　D. 树形　　　E. 三角形
   答案：A, C

43. SOPCON 系列 DCS 系统的信息管理网和过程控制网的通信介质可以是_____。
   A. 总线　　　　B. 光缆　　　　C. 双绞线　　　D. 同轴电缆　　　E. 单绞线
   答案：B, C

44. 与 DCS 相比，FCS 具有_____的特点。
   A. 全数字化　　　　　　　　　　B. 全分散式
   C. 开放式互联网络　　　　　　　D. 双冗余
   答案：A, B, C

45. FCS 和企业网的集成通过_____技术实现。
   A. 网桥　　　　B. 网关　　　　C. 集线器　　　D. OPC
   答案：A, B, D

46. FF 链路上设备可以包括_____。
   A. 网络电源及终端器　　　　　　B. 基本设备
   C. 网桥　　　　　　　　　　　　D. 链路主设备
   E. 软件包
   答案：B, C, D

47. 一台 FF 设备通常包括_____。
   A. 运算块　　　B. 转换器块　　　C. 资源块　　　D. 功能块　　　E. 连接块
   答案：B, C, D

48. FF 网段上设备间通信的类型有_____三种。

A. 发布方/接收方型 B. 调度通信/非调度通信型
C. 客户/服务器型 D. 报告分发型
E. 发布方/服务器型
答案：A，B，D

49. FF 现场总线通信协议各层的主要内容是_____。
A. 物理层 B. 数据链路层 C. 应用层 D. 用户层 E. 会话层
答案：A，B，C，D

50. FF 现场总线使用的电缆有_____。
A. 屏蔽双绞线 B. 屏蔽多对双绞线
C. 无屏蔽双绞线 D. 多芯屏蔽电缆
E. 同轴电缆
答案：A，B，C，D

51. ProfiBus 总线标准由_____三部分组成。
A. ProfiBus-DP B. ProfiBus-PA
C. ProfiBus-PC D. ProfiBus-FMS
E. ProfiBus-DA
答案：A，B，D

52. ProfiBus 提供了_____三种数据传输类型。
A. 用于 DP 和 F 的 RS-485 传输 B. 用于 PA 的 IC1158-2 传输
C. 光纤 D. 同轴电
E. 双绞线
答案：A，B，C

53. ProfiBus-DP 使用 OSI 模型的_____。
A. 第 1 层 B. 第 2 层 C. 应用层 D. 用户层 E. 第 7 层
答案：A，B，D

54. ProfiBus 总线访问协议的两种方式是_____。
A. 主站、从站主从方式 B. 主站之间的令牌环
C. 中断方式 D. 从站、主站从主方式
E. 以上均可
答案：A，B

55. 计算机网络是地理上分散的多台独立自主的遵循约定的通信协议，通过软、硬件互连以实现_____及在线处理等功能的系统。
A. 相互通信 B. 资源共享 C. 信息交换
D. 协同工作 E. 相互支持
答案：A，B，C，D

56. 决定网络特性的主要技术有_____。
A. 用以传输数据的传输介质 B. 用以连接各种设备的拓扑结构
C. 用以资源共享的介质访问控制方法 D. 在线处理方法
E. 以上均可
答案：A，B，C

57. 工业控制用局域网络常用的通信媒体有_____。
A. 双绞线 B. 同轴电缆

C. 光导纤维　　　　　　　　　D. 无线电线
E. 普通电线
答案：A，B，C

58. 常见的数据通信的网络拓扑结构有_____。
A. 树形　　B. 总线型　　C. 星形　　D. 环形　　E. 三角形
答案：B，C，D

59. OPC 数据交换 OPC XML 扩展标识访问技术，适应了_____技术的发展。
A. FieldBus　　B. Internet　　C. ProfiBus　　D. APC　　E. Interface
答案：A，B

60. OPC 数据访问的方法主要有_____。
A. 同步访问　　　　　　　　　B. 串行通信访问
C. 异步访问　　　　　　　　　D. 并行通信访问
E. 双向通信
答案：A，C

61. OPC 数据存取服务器主要由_____组成。
A. 服务器对象（Server）　　　B. 组对象（Group）
C. 客户对象（Client）　　　　D. 项对象（Item）
E. 服务客户
答案：A，B，D

62. OPC XML 扩展标识访问，包括_____等数据共享和访问模式。
A. 读（Read）　　　　　　　　B. 写（Write）
C. 发布（Publish）　　　　　　D. 订阅（Subscription）
E. 浏览（Browser）
答案：A，B，D，E

63. OPC 服务器中数据项的属性包括_____基本属性。
A. 类型（Type）　　　　　　　B. 值（Value）
C. 品质（Quality）　　　　　　D. 时间戳（Timestamp）
E. 以上全包括
答案：B，C，D

64. 上位连接系统是一种自动化综合管理系统。上位计算机通过串行通信接口与可编程序控制器的串行通信接口相连，对可编程序控制器进行集中监视和管理，在这个系统中，可编程序控制器是直接控制级，它负责_____。
A. 现场过程的检测与控制　　　B. 接收上位计算机的信息
C. 向上位计算机发送现场控制信息　D. 与其他计算机进行信息交换
答案：A，B，C

四、判断题

1. DCS 系统的通信系统通常采用 1∶1 冗余方式，以提高可靠性。
答案：正确

2. DCS 控制系统是指分散管理和集中控制的系统。
答案：错误

3. DCS 系统的本质是集中操作管理，分散控制。

答案： 正确

4. DCS 系统一般有安全保护、仪表信号和本安 3 个接地。
   答案： 正确
5. 用 4～20mA DC 模拟信号的传送，在 DCS 中必须进行 A/D 和 D/A 数据转换。
   答案： 错误
6. 现场总线采用数字信号的传送，故不需要 A/D 和 D/A 转换。
   答案： 正确
7. 集散控制系统（DCS）由分散的过程控制设备、操作管理设备和数据通信系统三大部分组成。
   答案： 正确
8. DCS 系统分层结构中，过程管理级是 DCS 的核心，其性能的好坏直接影响到信息的实时性、控制质量的好坏及管理决策的正确性。
   答案： 错误
9. DCS 系统分层结构中，处于工厂自动化系统最高层的是工厂管理级。
   答案： 正确
10. DCS 系统的所有硬件均可实现冗余配置。
    答案： 正确
11. DCS（集散控制系统）硬件系统是通过网络将不同数目的工程师站、操作站、现场控制站连接起来，完成数据采集、控制、显示、操作和管理功能。
    答案： 正确
12. DCS（集散控制系统）具有连续控制和顺序控制功能，不具有逻辑控制功能。
    答案： 错误
13. DCS 系统适用于模拟量检测控制回路较多、回路调节性能要求高的场合。
    答案： 正确
14. DCS 系统分层结构中，过程控制级是 DCS 的核心，其性能的好坏直接影响到信息的实时性、控制质量的好坏及管理决策的正确性。
    答案： 正确
15. DCS 控制站是 DCS 系统的核心，既能执行控制功能，也能执行一些复杂的控制算法。
    答案： 正确
16. DCS 控制站是 DCS 的核心，其性能直接影响到控制信息的实时性和控制质量等。
    答案： 正确
17. DCS 组态只能在工程师站上完成，操作站不能代替工程师站进行组态。
    答案： 错误
18. DCS 组态通常在工程师站上完成，有些系统的操作站也能代替工程师站进行组态。
    答案： 正确
19. 在操作站调看 DCS 历史趋势曲线时，可以对趋势曲线时间轴的间隔进行调整。
    答案： 正确
20. DCS 系统 I/O 卡件包含有模拟输入和模拟输出卡件，也有集两种功能为一体的卡板。
    答案： 正确
21. DCS 所有控制均由控制站完成，工程师站功能是组态。
    答案： 正确
22. 为了提高网络的可靠性，DCS 网络一般采用专门的通信协议。

23. 通信系统实现 DCS 系统中工程师站、操作站、控制站等设备之间的信息控制命令的传递与发送以及与外部系统信息的交互。

    答案：正确

24. DCS 过程控制级通过网络将实时控制信息向上层管理级传递，也可以向下级传递。

    答案：正确

25. 从网络安全角度考虑，DCS 控制站不能进行开放性互联设计，各 DCS 厂家有自己的标准。

    答案：错误

26. 从网络安全角度考虑，只要采用统一的协议标准，DCS 控制站就能进行开放性互联设计。

    答案：正确

27. DCS 的通信网络的传送媒体有双绞线、同轴电缆和光纤。

    答案：正确

28. DCS 系统通信网络的拓扑结构常用的有星形结构、环形结构和总线型结构三种形式。

    答案：正确

29. 把构成通信数据的各个二进制位依次在信道上进行传输的通信称为并行通信。

    答案：错误

30. 把构成通信数据的各个二进制位同时在信道上进行传输的通信称为串行通信。

    答案：错误

31. DCS 现场控制站对串行接口的数据输入、输出一般采用 RS-232 或 RS-485 协议进行通信。

    答案：正确

32. DCS 机房要求环境温度为 16～28℃。

    答案：正确

33. DCS 机房要求湿度不超过 85%。

    答案：正确

34. 为防止电网停电而导致 DCS 不能运行，使用 UPS 来给 DCS 供电。

    答案：正确

35. 在 DCS 系统中，现场仪表设备故障占绝大部分。

    答案：正确

36. DCS 冗余 I/O 卡件在工作卡件发生故障时，备用卡件迅速自动切换，所有信号采用屏蔽网隔离技术，将干扰拒于系统之外。

    答案：错误

37. 在 DCS 中常用冗余技术来避免硬件损伤而不至于酿成事故。

    答案：正确

38. DCS 冗余 I/O 卡件在工作卡件发生故障时，备用卡件迅速自动切换，所有信号采用光电隔离技术，将干扰拒于系统之外。

    答案：正确

39. 操作站硬件发生故障时，常采用软件分析法和排除法。

    答案：错误

40. 操作站软件故障，一般分为 DCS 软件故障和实时软件故障两大类。

答案：错误

41. 操作站软件故障，一般分为计算机操作系统软件故障和DCS软件故障两大类。
    答案：正确
42. 通道元件损坏后，首先应该查找空余通道。
    答案：正确
43. 操作站硬件发生故障时，常采用排除法和替换法。
    答案：正确
44. JX-300XP DCS 主要由控制站、操作站、工程师站和通信网络等组成。
    答案：正确
45. JX-300XP 系统中，目前已实现一个控制区域包括15个控制站，32个操作员站或工程师站，总容量达到15360个点。
    答案：正确
46. JX-300XP 系统，每只机柜最多5个机笼，其中1只电源箱机笼，1只主控制机笼及3只I/O卡件机笼（可配置控制站各类卡件）。
    答案：正确
47. JX-300XP DCS 模拟量卡一般是6路卡，开关量卡一般是8路卡，XP316是4路卡。
    答案：正确
48. SOPCON 系列 DCS 系统的过程控制网（SCnet Ⅱ网）的节点容量，最多包括15个控制站。
    答案：正确
49. JX-300XP DCS 模拟量位号的报警有百分比型和数值型两种方式。
    答案：正确
50. JX-300XP DCS 组态软件定义了操作小组的功能，可以通过启动不同的操作小组来查看不同的监控画面，从而可实现有选择性的画面设置。
    答案：正确
51. JX-300XP DCS 的主控卡、数据转发卡既可冗余工作，也可单卡工作。
    答案：正确
52. JX-300XP DCS 趋势图的坐标可以用工程量和百分比两种方式显示。
    答案：正确
53. JX-300XP DCS 在 I/O 组态中可以实现模拟量信号的变化率报警。
    答案：正确
54. JX-300XP DCS 流程图中可以调用位图、GIF图片和Flash。
    答案：正确
55. SOPCON 系列 DCS 系统的过程控制网（SCnet Ⅱ网）的节点容量，最多包括8个控制站。
    答案：错误
56. JX-300XP DCS 流程图中图形的大小改变、缩放可以通过选中图形，拖动鼠标来实现。
    答案：正确
57. JX-300XP DCS 的主控卡、数据转发卡只能单卡工作。
    答案：错误
58. JX-300XP DCS 不打开监控软件，也可以实现动画效果的仿真运行。
    答案：正确

59. JX-300XP DCS 系统组态中，一个控制站最多组态 64 个常规控制方案。
    答案：正确
60. SOPCON 系列 DCS 系统在自定义控制方案中，在控制回路中，CSC 代表单回路。
    答案：错误
61. JX-300XP DCS 二次计算中可以进行历史文件记录设置和报警记录文件设置，设置每个历史文件记录多少时间、报警文件记录多少条报警。
    答案：正确
62. JX-300XP DCS 做完二次计算组态以后，必须进行保存编译。
    答案：正确
63. JX-300XP DCS 系统组态中，一个控制站最多组态 32 个常规控制方案。
    答案：错误
64. SOPCONJX-300XP DCS 控制系统中，连续主控制卡和数据转发卡的是 ProfiBus 总线。
    答案：错误
65. SOPCONJX-300XP DCS 控制系统中，连续主控制卡和数据转发卡的是 SBUS 总线。
    答案：正确
66. SOPCONJX-300XP DCS 事件定义的表达式是由操作符、函数、数据等标识符的合法组合而成的表达式，所表达的事件结果必须为一布尔值。
    答案：正确
67. JX-300XP DCS，在 FBD 功能块图编辑器中，单回路控制模块的输出数据类型为 FLOAT。
    答案：错误
68. JX-300XP DCS，SFC 段落中，几个步同时进行，要选择并行分支。
    答案：正确
69. JX-300XP DCS 系统采用了双高速冗余工业以太网 SCnetⅡ作为其过程控制网络，遵循 TCP/IP 和 IEEE4 标准协议。
    答案：错误
70. SUPCON 系列 DCS 系统的信息管理网络是以太网，采用曼彻斯特编码方式传输。
    答案：正确
71. JX-300XPDCS，SFC 段落中，几个步同时进行，要选择串行分支。
    答案：错误
72. SUPCON 系列 DCS 系统将双高速冗余工业以太网 SCnetⅡ作为过程控制网，其传输方式是十进制编码。
    答案：错误
73. SUPCON 系列 DCS 系统操作站或工程师站连接控制站的网络是 SBUS 网络。
    答案：错误
74. JX-300XP DCS 信息管理网和过程控制网中，通信最大距离是 5km。
    答案：错误
75. JX-300XP 系统的信息管理网和过程控制网的拓扑规范有总线型和星形。
    答案：正确
76. SOPCON 系列 DCS 系统的信息管理网和过程控制网的通信介质可以是总线。
    答案：错误
77. SUPCON 系列 DCS 系统操作站或工程师站连接控制站的网络是 SCnetⅡ网络。

答案：正确

78. SOPCON 系列 DCS 系统的信息管理网和过程控制网的通信介质可以是光缆和双绞线。
    答案：正确
79. SOPCON 系列 DCS 系统过程控制网的通信速率是 5Mbps。
    答案：错误
80. X-300XP 系统中，SBUS-S2 总线属于主从结构网络，网上所有数据转发卡的地址不应从"0"开始设置。
    答案：错误
81. JX-300XP DCS 在对操作站组态时，所引用的信号点应是在控制站或二次计算中所设置好的信号。
    答案：正确
82. 在计算机的通信网络中，按彼此公认的一些规则，建立一系列有关信息传递、控制、管理和转换的手段和方法，称为计算机的通信网络协议。
    答案：正确
83. SOPCON 系列 DCS 系统新组态文件，生成和组态文件同名的文件夹，其包含一些子文件夹，其中"control"存放 SCX 语言文件。
    答案：错误
84. SOPCON 系列 DCS 系统新组态文件，生成和组态文件同名的文件夹，其包含一些子文件夹，其中"control"存放图形化组态文件。
    答案：正确
85. SOPCON 系列 DCS 系统新组态文件，生成和组态文件同名的文件夹，其包含一些子文件夹，其中"flow"存放流程图文件。
    答案：正确
86. X-300XP 系统中。SBUS-S2 总线属于主从结构网络，网上所有数据转发卡的地址应从"0"开始设置，且是唯一的。
    答案：正确
87. SOPCON 系列 DCS 系统新组态文件，生成和组态文件同名的文件夹，其包含一些子文件夹，其中"report"存放图形化组态文件。
    答案：错误
88. SOPCON 系列 DCS 系统新组态文件，生成和组态文件同名的文件夹，其包含一些子文件夹，其中"report"存放报表文件。
    答案：正确
89. SOPCON 系列 DCS 系统新组态文件，生成和组态文件同名的文件夹，其包含一些子文件夹，其中"lang"存放图形化组态文件。
    答案：错误
90. SOPCON 系列 DCS 系统新组态文件，生成和组态文件同名的文件夹，其包含一些子文件夹，其中"lang"存放 SCX 语言文件。
    答案：正确
91. JX-300XP DCS 在图形化组态编程中，一个控制站就对应一个工程，一个工程描述了一个控制站的所有程序。
    答案：正确
92. JX-300XP DCS 在"位号量组态"中，用户可以设置相关的事件，以便在事件发生时记录各个位号的状态和数值。

答案： 正确

93. JX-300XP DCS 在实时监控软件中单回路手动/自动切换的原则为无扰动切换，PID 各参数修改的原则为达到更好的自动化控制效果。

答案： 正确

94. JX-300XP DCS 在组态中对位号进行趋势定义之后，可以在监控过程中将位号添加到趋势画面上。

答案： 正确

95. JX-300XP DCS 在图形化组态编程中，一个控制站就对应着一个工程，可以使用 LD、FBD、SFC、ST 等语言编辑器进行段落的编辑。

答案： 正确

96. OPC 与 DDE 技术相比，OPC 技术具有高速数据传输性能。

答案： 正确

97. 挂在现场级网络上设备可以由网络供电（总线供电），也可单独供电。

答案： 正确

98. 现场总线网络有两根电缆，既作为通信线，又是总线供电设备的电源线，网络设备都是串联的。

答案： 错误

99. 现场总线网络有两根电缆，既作为通信线，又是总线供电设备的电源线，网络设备都是并联的。

答案： 正确

100. 在一个现场总线网段中只能采用一个电源，其电压为 24V DC。

答案： 错误

101. 现场总线中支线 SPUR 是指连接现场设备到干线 TRUNK 的电缆。

答案： 正确

102. 链路活动调度器 LAS 作为一个链路总线仲裁器运行在数据链路层。

答案： 正确

103. 模块中的通信网关模块，不是 3500 系统配置所必须要求的。

答案： 错误

104. 在一个现场总线网段中只能采用一个电源，其电压为 9~32V DC。

答案： 正确

105. 模块中的通信网关模块是 3500 系统配置所必须要求的。

答案： 正确

106. FCS 是 Fieldbus Control System 的缩写，中文称现场总线控制系统。

答案： 正确

107. 现场总线控制系统既是一个开放通信网络，又是一种全分布控制系统。

答案： 正确

108. 和 DCS 相比，FCS 具有全数字化、全分散式、开放式互联网络的特点。

答案： 正确

109. FCS 是一种集中式的网络自动化系统，其基础是现场总线，位于网络结构的最底层，也称为底层网络。

答案： 错误

110. FCS 是一种分布式的网络自动化系统。
    答案：正确
111. 按照现场总线电缆的屏蔽标准，电缆屏蔽层要一点接地，特殊时要求多点接地。
    答案：正确
112. 按照现场总线电缆的屏蔽标准，电缆屏蔽层可以两点接地。
    答案：错误
113. RS-232C 标准（协议）适合于数据传输速率在 0～10000bps 范围内的并行通信。
    答案：错误
114. RS-232C 标准（协议）的标准接插件是 15 针的 D 型连接器。
    答案：错误
115. 基金会现场总线不仅仅是一种总线，而且是一个系统。
    答案：正确
116. FF 的高速现场总线 HSE 的通信速率为 150Mbps，信号类型为电流和电压信号。
    答案：错误
117. CAN 技术规范 2.0B 遵循 ISO/OSI 标准模型，分为物理层、应用层和数据链路层。
    答案：正确
118. FF 的高速现场总线 HSE 的通信速率为 100Mbps，信号类型为电流和电压信号。
    答案：正确
119. 现场总线电缆的负端可以接地。
    答案：错误
120. FF 网段中，终端器由 100Ω 的电阻和 1μF 的电容并联组成。
    答案：正确
121. FF 现场总线使用的电缆有屏蔽双绞线、屏蔽多对双绞线、无屏蔽双绞线和多芯屏蔽电缆。
    答案：正确
122. FF 链路上可以有两个链路主设备。
    答案：错误
123. FF 总线网络终端匹配器的阻值是 50Ω 和 1μF。
    答案：错误
124. 基金会现场总线低速总线 H1 标准，其传输速率为 25Kbps。
    答案：错误
125. ProfiBus 的 DP、FMS、PA 使用各自的总线存取协议。
    答案：错误
126. ProfiBus 总线标准由 ProfiBus-DA、ProfiBus-PA 和 ProfiBus-FMS 三部分组成。
    答案：错误
127. FF 现场总线设备的工作电压为 9～32V。
    答案：正确
128. 以太网采用 CSMA/CD 协议。
    答案：正确
129. TCP/IP 实际上是由两种协议组成，其中 TCP 表示网络协议。
    答案：正确
130. 在小型局域网中，以下通信速度较快的网络协议是 NetBUE。

答案：正确
131. 网络协议是通信双方事先约定的通信的语义和语法规则的集合。
    答案：正确
132. 计算机网络的主要功能是相互通信和交互、资源共享和协同工作。
    答案：正确
133. 某单位的计算机通过一台集线器连接到网络上，这几台计算机采用总线型网络结构。
    答案：正确
134. 提供 IP 地址的动态配置和有关信息的动态主机配置协议简称 DHCP。
    答案：正确
135. USB 为通用串行总线，是高速总线接口。
    答案：正确
136. 根据有关协议，一条百兆网双绞线的最长距离为 100m。
    答案：正确
137. 0 区只能选 ia 型和 S 型仪表。
    答案：正确
138. OPC 是 OLE for Process Control 的缩写，是跨国自动化公司和软硬件供应商合作建立的一个工业标准。
    答案：正确
139. OPC 是基于分布式 COM（DCOM）的技术。
    答案：错误
140. OPC 是基于 Microsoft 公司的 Distributed Internet Application（DNA）构架和 Component Object Model（COM）技术的，根据易于扩展性而设计的。
    答案：正确
141. OPC 报警事件规范提供了一种通知机制，即在指定事件或报警条件发生时 OPC 服务器能够主动通知客户程序。
    答案：正确
142. OPC 数据存取规范是 OPC 基金会最初制定的一个工业标准，其重点是对现场设备的历史数据进行存取。
    答案：错误
143. COM 技术是实现控制设备和控制管理系统之间的数据交换的基础，OPC 是作为工业标准定义的特殊 COM 接口。
    答案：正确
144. OPC 为服务器/客户的连接提供统一、标准的接口规范，按照这种统一规范，各客户/服务器间形成即插即用的简单规范的连接关系。
    答案：正确
145. OPC 数据访问的方法主要有同步访问和串行通信访问。
    答案：错误
146. OPC 数据项的属性时间戳（Timestarap）反映了从设备读取数据的品质或者服务器刷新其数据存储区的时间。
    答案：错误
147. OPC 数据访问的方法主要有同步访问和异步访问。
    答案：正确

148. OPC 数据交换、OPC XML 扩展标识访问技术，适应了 ProfiBus 和 Internet 技术的发展。

   答案：错误

149. OPC 的数据交换是相对于 OPCDA 的 Client-Server 通信模式提出的 Server-Server 通信模式。

   答案：正确

150. OPC 与 DDE 技术相比，OPC 技术具有双向数据传输性能。

   答案：错误

五、简答题

1. 集散控制系统的基本特点是什么？

   答案：①可靠性高。由于系统结构采用容错设计，系统硬件采用冗余配置，提高了软件可靠性；结构和工艺的可靠性设计，电磁兼容性设计，可在线快速排除故障，所以可靠性高。②实时性。③适应性、灵活性和易扩展性。④自治性和协调性。⑤界面友好性。

2. 一个基本的 DCS 系统由哪几部分组成？

   答案：一个基本的 DCS 系统由现场控制站、操作员站、工程师站和系统网络四部分组成。

3. DCS 操作站和工程师站有哪些功能？

   答案：操作站和工程师站的基本功能有过程显示和控制、现场数据的收集和恢复显示、级间通信、系统诊断、系统配置和组态、仿真调试等。

4. DCS 系统中，什么是自动重复报警功能？

   答案：如果高级别报警发生后没有得到及时处理，且状态未恢复正常时，那么它将以系统规定的周期自动重复报警。

5. DCS 现场控制站由哪几部分组成？主要完成哪些功能？

   答案：DCS 现场控制站一般由主控模块（CPU 模块）、通信模块、电源模块、各种 I/O 模块、各种 I/O 端子接线板、专用连接电缆、机箱及机柜等组成。现场控制站主要完成输入数据处理、控制运算、输出数据处理和通信等功能。

6. DCS 现场控制站的通信功能分为哪几部分？各部分作用是什么？

   答案：现场控制站的通信功能分为三部分：一是经由系统网络与上位操作站及工程师站的通信，将各种现场采集信息发给操作站，同时由操作站向控制站发送操作指令。控制站采用广播方式向网络发送数据，以保证各个操作站数据一致性，由操作站向网络上的控制站发送信息采用点对点方式。二是控制站内部的通信功能，完成主控器与各 I/O 模块之间的信息交换，采集现场数据和控制现场设备。三是控制站与其他智能设备的通信，通过通信接口或现场总线接口（如 RS-232、ModBus、ModBus/TCP、FF、ProfiBus 等）与第三方设备（如各种 PLC、智能仪表等）连接，将数据采集进入现场控制站或传送给第三方设备。

7. DCS 在日常维护中应检查哪些内容？

   答案：DCS 的日常维护主要包括日常维护检查、备品备件的储备、故障发生后的及时处理。为保证 DCS 正常运行，前提是系统有一个合乎要求的运行环境，这主要体现在机房内环境温度范围和空气清洁程度。DCS 系统的最佳工作温度应保持在（23±2）℃范围内。空气洁净可以避免产生通风不畅，带来散热设备特别是大容量电源和 CPU 卡件等设备表面温度超高而造成系统断电或死机。为此，日常点检应重点检查空调设备、电源设备及风扇（包括电源内部风扇）的运行状况，定时清扫过滤网设备。通过眼看（看状态指示是否正常)、耳听（听电源和风扇运行有无异常声音）、手摸（触摸电源表面确认温度是否异常），提前发现设备可能存在的故障隐患，并及时采取措施，避免事故的发生。

8. DCS 系统为何对接地有严格要求？

答案：DCS 系统的抗干扰能力是关系到整个系统可靠运行的关键，正确的接地，既能抑制电磁干扰的影响，又能抑制设备向外发出干扰；而错误的接地，会引入严重的干扰信号，使 DCS 系统无法正常工作。DCS 控制系统的地线包括系统接地、屏蔽接地、交流接地和保护接地等。接地系统混乱对 DCS 系统的干扰主要是各个接地点电位分布不均，不同接地点间存在地电位差，引起地环路电流，影响系统正常工作。例如电缆屏蔽层必须一点接地，如果电缆屏蔽层 A、B 两端都接地，就存在地电位差，有电流流过屏蔽层，当发生异常状态如雷击时，地线电流将更大。此外，屏蔽层、接地线和大地有可能构成闭合环路，在变化磁场的作用下，屏蔽层内会出现感应电流，通过屏蔽层与芯线之间的耦合，干扰信号回路。若系统接地与其他接地处理混乱，所产生的地环流就可能在地线上产生不等电位分布，影响 DCS 内逻辑电路和模拟电路的正常工作。

9. 维护蓄电池应如何进行放电维护？

答案：长期处于浮充电方式运行的蓄电池，可能出现内部失水或干涸。新安装或大修后的免维护蓄电池（阀控蓄电池）组，应进行 10h 率核对性放电试验；再每隔半年进行一次核对性试验，做 2～3 次；以后每隔 2～3 年进行一次核对性试验；运行了 6 年以后的免维护蓄电池，应每年进行一次核对性试验。

10. 维护不间断电源（UPS）应注意哪些问题？

答案：主要应注意下面几个问题：①UPS 要定期巡检，一天两次，并观察 UPS 各状态指示灯指示是否正常，是否听到报警声或发现其他不正常的现象。发现问题及时处理，处理不了的要及时通知有关领导和技术人员。②保证 UPS 处在良好的运行环境之中。做好 UPS 的防尘、防静电、防潮、防水、防震工作。③维修 UPS 时，要断掉输入电源和电池连线，并用耐高压清洗剂进行清洗。④UPS 要定期进行放电，一般放电周期为 3～6 个月。

11. 在 DCS 系统中，不间断电源（UPS）的选择应注意哪些问题？

答案：应根据 DCS 系统的要求选择合适功率的 UPS，UPS 备用电池备用时间可以根据系统满负荷工作 30min 来考虑。由于 UPS 的故障不可避免，因此，UPS 类型应考虑能够在线更换，避免更换或维修 UPS 时影响 DCS 系统的运行。对于重要装置应考虑双机热备，但就现在的此类双机热备 UPS，其同步常出现问题而影响后备切换，且现场电源出现短路等故障，双机热备 UPS 无法隔离故障源，因此 UPS 的选择应慎重，尽量采用独立双 UPS 运行，分别供 DCS 系统实现冗余直流供电。

12. 什么叫组态？

答案：所谓组态就是组织控制系统的状态。组态类似于编程，但它不用计算机语言，而是用一些简单的信息输入到系统里，就可以向 TDC-3000 BASIC 系统发布命令，叫它去做什么和怎样去做。例如确定每个 SLOT 的输入、输出信号，执行何种算法，与其他 SLOT 之间的连接关系，在操作站 CRT 上如何显示等。组态主要是规定 BC、MC、PIC、EOS 的工作范围和具体要求。

13. DCS 系统故障大致可分为哪几类？

答案：DCS 系统故障大致可分为：①现场仪表设备故障；②系统故障；③硬件故障；④软件故障；⑤操作、使用不当造成的故障。

14. 根据 DCS 系统显示现象，判断某点温度指示不正确的原因是什么？

答案：温度指示不正确的原因是：①在操作画面上，DCS 显示此位号底色为红色或绿色，并且该点报警灯闪烁，调出该点的标准操作面板，测试值的背景色为绿色，原因是：现场接线开路，电阻体断路。②此电阻体所接的卡件通道指示灯闪烁，原因是：电阻信号没有送到卡件通道。③DCS 显示的温度值比正常值略偏高，原因是：除常规判断外，很有可能现场三线制电阻体中 BC 线有一根未接，造成三线线路电阻不能平衡，使温度显示偏高。

15. 从在生产过程中所起的作用（功能）和工作状态对安全级别的要求等方面，简述集散控制系统（DCS）和安全仪表系统（SIS）之间的区别。

答案：两者之间的区别是：①DCS 用于过程连续测量、常规控制（连续、顺序、间歇等）、操作卡控制管理，保证生产装置平稳运行；SIS 用于监视生产装置的运行状况，对出现的异常工况进行处理，使故障发生的可能性降到最低，使人和装置处于最安全状态。②DCS 是动态系统，它始终对过程变量连续进行检测、运算和控制，对生产过程进行动态控制，确保产品质量和产量；SIS 是静态系统，在正常工况下，它始终监视装置的运行，系统输出不变，对生产过程不影响，在异常工况下，它将按着预先设计的策略进行逻辑运算，使生产装置安全停车。③DCS 可进行故障自动显示；SIS 必须测试潜在故障。④DCS 对维修时间长短的要求不算苛刻；SIS 维修时间非常关键，弄不好会造成装置全线停车。⑤DCS 可进行自动/手动切换；SIS 永远不允许离线运行，否则生产装置将失去安全保护屏障。⑥DCS 系统只做联锁、泵的开停、顺序等控制，安全级别要求不像 SIS 那么高。⑦SIS 与 DCS 相比，在可靠性、可用性上要求更严格，IEC61508、IS（A）S84.01 强烈推荐 SIS 与 DCS 硬件独立设置。

16. CENTUM-CS3000 系统由哪些部分组成？

答案：CENTIM-CS3000 系统主要由 EWS 工程师站、信息指令站 ICS（操作站）、双重化现场控制站 AFM20D、通信门单元 ACG、双重化通信网络 V-net 等构成。

17. 简述 CENTUM-CS3000 系统中 Ethernet 网络的功能。

答案：CENTUM-CS3000 系统中的 Ethernet 网是局域信息网，用于连接上位系统与操作站，可进行数据文件和趋势文件的传输。通信标准符合 IEEE802.3，通信规约为 TCP/IP，通信速率为 10Mbps。

18. 简述 CENTUM-CS3000 系统现场控制站功能块的作用和种类。

答案：在现场控制站中，备有功能与常规调节器、指示器等仪表相类似的功能块，把这些功能块用软件的方法进行连接，称为"软连接"，可构成各种控制方案，与现场检测仪表及执行机构相连，可完成对工艺参数的控制。功能块大致分为连续控制块、顺序控制块、运算块、SEBOL 块、SFC 块和面板块等。

19. TDC3000 一台操作站死机后应如何启动？

答案：按一下该站的电源复位开关，当显示器有符号出现后，按一下 LOAD 健，待到出现 N, X, 1, 2, 3, 4 后，选择 N 后回车，当出现 OPR, ENG, SUP 后选择 0 回车，等到该站完全启动，再稍等几分钟，把该机设定到相应的域。方法如下：按 SCHEMA，输入 KEY 回车，当显示 OPR, ENG, SUP 后，选择 ENG，随后输入密码回车（密码是右面显示数字的中间那行数字的第二位起始，输入连续的五个数字，例：中间那行数字为 23423222，则密码是 34232），然后按 CONSOLE 键，选中 AREA CHANGE 框，再选中相应的域回车，选中 DEFAULT 框，选中 EXECUTE COMMAND 框，当域更改完后，按 SCHEN 键，输入 KEY，选中 OPR 后整个过程结束。

20. 当 TDC3000 的某点的 PV 值出现-H, -L, -B 时，代表接至此点的过程仪表处于什么状态？

答案：H代表仪表的输出电流大于20mA（过程测量值超量程或者线路有短路引起）；L代表仪表的输出小于4mA（过程测量值低于仪表量程下限引起）；B代表仪表处于掉电状态（线路中有断路引起）。

21. 按照现场总线的数据传输类型，请简述现场总线的分类。

答案：①位总线，又称传感器总线（Sensor Bus）；②字节总线，又称设备总线（Device Bus）；③数据流总线，又称现场级总线（Block Bus）。

22. 在 DeltaV 系统中常用的都有哪些卡件？这些卡件的端子能互换吗？

答案：常用的卡件有 AI 卡，RTD 卡，AO 卡，DI 卡，DO 卡。其中 AI 卡的端子有两线制和四线制之分，在端子上标有"4 Wire"标志的为四线制 AI 端子。8 路的两线制 AI 端子和 AO 卡、DI 卡、DO 卡端子均能互换。

23. 化工自控设计 DCS 选型原则指什么？

答案：化工自控设计 DCS 选型原则指：①符合目前本行业的主流机型；②DCS 功能能满足生产"功能需求"；③技术先进，系统应是开放性结构；④性能价格比好。

24. 用超 5 类双绞线连接 RJ-45 水晶头时，线序应怎样排列？

答案：EW/TIA 的布线标准中规定了两种双绞线的线序 568A 与 568B。

①标准 568A：绿白-1，绿-2，橙白-3，蓝-4，蓝白-5，橙-6，棕白-7，棕-8；②标准 568B：橙白-1，橙-2，绿白-3，蓝-4，蓝白-5，绿-6，棕白-7，棕-8。整个网络布线中应用一种布线方式，但两端都有 RJ-45 水晶头的网络连线，无论是采用连接方式 A，还是连接方式 B，在网络中都是通用的。双绞线的顺序与 RJ-45 头的引脚序号一一对应。10m 以太网的网线使用 1，2，3，6 编号的芯线传递数据；100m 以太网的网线使用 4，5，7，8 编号的芯线传递数据。

参考文献

[1] 朱炳兴，王森.仪表工试题集：现场仪表分册[M].北京：化学工业出版社，2007.

[2] 王森.仪表工试题集：控制仪表分册[M].北京：化学工业出版社，2005.

[3] 齐卫红.过程控制系统[M].3版.北京：电工工业出版社，2017.

[4] 化学工业职业技能鉴定指导中心.化工仪表维修工理论知识习题集[M].北京：化学工业出版社，2013.

[5] 人力资源和社会保障部职业技能鉴定中心.维修电工：高级[M].东营：中国石油大学出版社，2014.

[6] 王永红.过程检测仪表[M].2版.北京：化学工业出版社，2018.

[7] 电力行业职业技能鉴定中心.热工仪表及控制装置安装[M].北京：中国电力出版社，2002.